电子电路故障诊断与维修技术

郑军娜　周鹏　宋娟娟　主编

天津出版传媒集团

天津科学技术出版社

图书在版编目（CIP）数据

电子电路故障诊断与维修技术 / 郑军娜，周鹏，宋娟娟主编． -- 天津：天津科学技术出版社，2024.5
ISBN 978-7-5742-2069-0

Ⅰ．①电… Ⅱ．①郑… ②周… ③宋… Ⅲ．①电子电路－故障诊断②电子电路－维修 Ⅳ．①TN710.07

中国国家版本馆CIP数据核字(2024)第087395号

电子电路故障诊断与维修技术
DIANZI DIANLU GUZHANG ZHENDUAN YU WEIXIU JISHU
责任编辑：王 彤
责任印制：兰 毅

出　　版：	天津出版传媒集团
	天津科学技术出版社
地　　址：	天津市西康路35号
邮　　编：	300051
电　　话：	(022) 23332377
网　　址：	www.tjkjcbs.com.cn
发　　行：	新华书店经销
印　　刷：	济南新广达图文快印有限公司

开本 787×1092 1/16 印张 14.5 字数 230 000
2025年3月第1版第1次印刷
定价：70.00元

前　言

随着科技的飞速发展，电子设备已经深入我们生活的方方面面，从家用电器到工业自动化设备，再到航空航天技术，电子电路的应用无处不在。然而，由于各种原因，电子电路在运行过程中可能会出现各种故障，对设备的正常运行造成影响。因此，电子电路故障诊断与维修技术对于保障设备的安全稳定运行具有重要意义。

本书系统地介绍了电子电路故障诊断与维修技术的基础知识和实践应用。通过本书的学习，读者可以全面了解电子电路的故障类型、诊断方法和维修技术，掌握常用的仪器设备和测试方法，学会如何定位和解决各种电子电路故障。同时，本书还注重实践应用能力的培养，通过案例分析和技术实践，使读者能够将理论知识与实践相结合，提高解决实际问题的能力。

在编写过程中，我们力求内容的系统性和完整性，从基础知识到实践应用，从故障诊断到维修技术，全面覆盖了电子电路故障诊断与维修的各个方面。同时，我们注重理论与实践相结合，通过丰富的案例和实践环节，使读者能够更好地理解和掌握所学知识。

本书适合电子电路相关专业的技术人员、维修人员、学生和爱好者阅读，可以作为电子电路故障诊断与维修的教材或参考书。通过阅读本书，读者可以深入了解电子电路故障诊断与维修的原理和方法，提高解决实际问题的能力，为电子技术的发展和应用做出贡献。

在未来的电子技术领域，故障诊断与维修技术将面临更多的挑战和机遇。随着新技术的不断涌现和应用，电子电路的复杂性和多样性将不断增加，对故障诊断与维修技术的要求也将不断提高。因此，我们需要不断学习和探索新的技术与方法，以适应电子技术的发展需求。

本书的出版是我们在电子电路故障诊断与维修领域研究的一次成果展示。

我们希望通过本书的出版，能够为广大的电子技术爱好者、从业者提供有益的参考和帮助。同时，我们也希望借此机会与更多的同行进行交流和学习，共同推动电子电路故障诊断与维修技术的发展。

最后，我们要感谢参与本书编写的所有作者和编辑人员，是他们的辛勤工作和付出才使得本书得以顺利出版。同时，也要感谢广大读者对本书的关注和支持，希望您能够从本书中受益匪浅。

目 录

第一章 电子电路故障诊断基础知识 ·· 1
 第一节 电子电路故障诊断与维修概述 ····································· 1
 第二节 电子元器件的基本原理和特性 ····································· 27
 第三节 故障模式和故障分类 ··· 33

第二章 故障检测工具与设备 ·· 37
 第一节 常用的仪器设备介绍 ··· 37
 第二节 示波器的使用与调试 ··· 43
 第三节 多用途测试仪器的应用 ··· 48

第三章 模拟电路故障诊断与维修 ·· 55
 第一节 模拟电路的故障类型与表现 ······································· 55
 第二节 模拟电路故障的诊断方法 ··· 58
 第三节 模拟电路的维修技术 ··· 63

第四章 数字电路故障诊断与维修 ·· 69
 第一节 数字电路的基本原理和常见故障 ··································· 69
 第二节 数字电路故障的诊断方法与定位 ··································· 72
 第三节 数字电路故障的维修技术与调试技巧 ······························· 77

第五章 通信电路故障与维修技术 ·· 81
 第一节 通信电路基础知识 ··· 81
 第二节 通信电路的故障类型 ··· 84
 第三节 通信电路故障诊断与维修方法 ····································· 87

第六章 无线电电路故障诊断与维修 ·· 93
 第一节 无线电电路的故障类型与表现 ····································· 93
 第二节 故障定位与诊断方法 ··· 97

第三节　无线电电路的维修与调试技巧……………………101

第七章　故障预防与维护…………………………………………105
　　第一节　故障预防与维护的重要性和效益…………………105
　　第二节　电子电路故障的预防措施……………………………110
　　第三节　电子设备的定期维护与保养…………………………116
　　第四节　故障记录与分析方法…………………………………121

第八章　故障修复与质量控制…………………………………127
　　第一节　故障修复流程与注意事项……………………………127
　　第二节　质量控制与质量检验方法……………………………133
　　第三节　故障修复后的测试与验证方法………………………136

第九章　安全与环境保护………………………………………141
　　第一节　安全工作与规范………………………………………141
　　第二节　环境保护与电子废物处理……………………………152

第十章　专业素质与职业道德…………………………………157
　　第一节　电子电路维修人员的专业素质要求…………………157
　　第二节　职业道德与职业规范…………………………………169
　　第三节　职业生涯规划与发展…………………………………173

第十一章　故障诊断与维修案例分析……………………………177
　　第一节　典型电子电路故障案例分析…………………………177
　　第二节　故障诊断与维修过程中的注意事项…………………182
　　第三节　故障诊断与维修技术的实践应用……………………191

第十二章　新技术在故障诊断与维修中的应用…………………201
　　第一节　红外热成像技术在故障诊断中的应用………………201
　　第二节　嵌入式系统在故障诊断中的应用……………………211
　　第三节　人工智能技术在故障诊断中的应用…………………219

参考文献……………………………………………………………225

第一章 电子电路故障诊断基础知识

第一节 电子电路故障诊断与维修概述

一、电子电路故障诊断的意义

在当今高度自动化的世界里，电子设备已经成为我们日常生活和工作的核心部分。无论是家中的电器设备、办公室的电脑和机器，还是工厂的生产线，甚至航空航天设备，都离不开电子电路的精确运行。然而，由于各种原因，电子电路可能会发生故障，导致设备无法正常工作，甚至可能引发安全问题。因此，电子电路故障诊断变得至关重要。

首先，电子电路故障诊断是保证设备正常运行的关键。电子电路的复杂性使得故障可能出现在任何环节，如电阻、电容、电感等元件的损坏，线路的老化或接触不良等。及时的故障诊断能够防止故障的扩大，降低设备损坏的风险，并保证设备的稳定运行。

其次，电子电路故障诊断有助于提高设备的可靠性和安全性。许多电子设备与人们的生命安全息息相关，如医疗设备、交通工具等。一旦这些设备中的电子电路出现故障，可能会对人们的生命安全造成威胁。通过电子电路故障诊断，可以及时发现并修复潜在的问题，提高设备的可靠性和安全性。

此外，电子电路故障诊断对于节约成本也是至关重要的。如果设备在出现严重故障后才进行维修，可能会造成大量的维修费用和停机时间。而通过定期进行电子电路故障诊断，可以及时发现并处理小问题，避免大修或更换昂贵的部件，从而降低维修成本。

再者，随着科技的发展，新的故障诊断技术不断涌现，为电子电路故障诊断提供了更多的可能性。例如，红外热成像技术、嵌入式系统和人工智能技术等新技术在故障诊断中的应用，大大提高了故障诊断的准确率和效率。这些技术的应用有助于推动电子设备制造业的发展，提高整个行业的竞争力。

综上所述，电子电路故障诊断在保证设备正常运行、提高设备的可靠性和安全性、节约维修成本以及推动行业发展等方面都具有重要的意义。因此，我们应该重视电子电路故障诊断的应用和推广，不断提高故障诊断的技术水平。

为了更好地进行电子电路故障诊断，我们需要不断学习和掌握新的技术知识。同时，也要关注行业动态，了解新技术的发展和应用情况。只有这样，我们才能更好地应对各种电子电路故障问题，为设备的正常运行提供有力保障。

此外，我们还需要加强设备的日常维护和检查。通过定期检查设备的运行状况，可以及时发现潜在的故障问题，避免问题的扩大。同时，合理的维护和保养也有助于延长设备的使用寿命，降低维修成本。

另外，建立完善的故障记录和档案管理制度也是非常重要的。通过记录设备的故障信息和维修过程，可以为后续的故障诊断提供参考和依据。这有助于提高故障诊断的准确性和效率，减少不必要的维修时间和成本。

最后，我们需要强调的是团队合作和沟通的重要性。在电子电路故障诊断过程中，工程师、技术人员和管理人员需要密切合作，共同分析和解决问题。同时，与设备制造商、供应商和相关行业的交流与合作也有助于提高我们的故障诊断能力。通过分享经验和知识，我们可以共同推动电子电路故障诊断技术的发展和应用。

总之，电子电路故障诊断在保障设备正常运行、提高设备的可靠性和安全性、节约维修成本以及推动行业发展等方面都具有重要的意义。我们应该充分认识到电子电路故障诊断的重要性，不断学习和掌握新的技术知识，加强设备的日常维护和检查，建立完善的故障记录和档案管理制度以及加强团队合作和沟通。只有这样，我们才能更好地应对各种电子电路故障问题，为设备的正常运行提供有力保障。

二、电子电路故障的分类

电子电路的故障可以根据其性质和原因进行多种分类。了解不同类型的故障有助于更准确地诊断问题，并选择合适的修复方法。以下是常见的电子电路故障分类及其特点。

（一）开路故障

在电子世界的纷繁复杂中，电路是至关重要的基础设施。它如同人体中的血管，为整个系统输送着"生命之源"——电流。然而，如同血管可能发生堵塞一样，电路也有可能出现断路，导致电流无法正常流通。

电路中的断路可能是由于多种原因造成的。首先，电线断裂是常见的原因之一。电线是电路的基石，负责传输电流。如果电线质量不佳，或者在安装、使用过程中受到外力损伤，都可能导致断裂。此外，连接器松动也是一个不可忽视的问题。连接器是电路中各个元件之间的桥梁，如果连接不紧，就会导致电流无法顺畅流通。与此同时，焊点断开也是一个常见原因。在焊接过程中，如果温度过高或过低，或者焊接时间过长或过短，都可能影响焊点的质量，导致其断开。

电路中出现断路会产生一系列的影响。最直接的影响就是阻止电流在电路中流动。在一个复杂的电路系统中，电流的流动是维持设备正常运转的关键。一旦电流被切断，设备就可能无法正常工作。例如，一个家用的电器设备，如果电路中的某个部分出现断路，可能会导致设备无法启动，或者在运行过程中出现故障。对于汽车等更复杂的系统，断路可能导致发动机无法启动、灯光无法亮起、音响系统失效等一系列问题。

此外，断路还可能对设备造成更严重的损害。由于电流无法正常流通，设备可能因为得不到所需的电力而无法正常工作。更糟糕的是，如果设备在断路的情况下仍然尝试运行，可能会导致设备内部的元件被烧毁，造成更大的经济损失。

对于断路的预防和检测也是一项重要的任务。首先，定期检查电路是必要的。通过定期检查，可以及时发现并修复潜在的断路问题。此外，使用高质量的电线和元件也是预防断路的有效方法。同时，对于容易发生断路的区域，如经常受到机械应力的地方，应该进行特殊的加固处理。

另外，使用先进的检测工具也是非常有帮助的。例如，电阻测试仪、万能表等工具可以快速准确地检测出电路中的断路位置。同时，一些新型的智能化检测设备也可以通过检测电流的流动情况来判断是否存在断路。这些工具的使用不仅可以提高检测的效率，还可以减少检测的误差。

为了更好地应对电路中的断路问题，除了预防和检测，还需要提高维修人员的技能水平。维修人员是电路的守护者，他们需要具备专业的知识和技能来应对各种断路问题。因此，定期对维修人员进行培训和考核是非常必要的。通过培训和考核，可以提高维修人员的技能水平，使他们能够更好地应对各种复杂的断路问题。

综上所述，电路中的断路是一个常见且棘手的问题。为了确保电路的正常运行，我们需要深入了解断路的原因和影响，采取有效的预防和检测措施，提高维修人员的技能水平。只有这样，我们才能确保电路的正常运行，为我们的生活和工作提供稳定的电力支持。

（二）短路故障

在电路中，低电阻通路是一个不容忽视的问题，它通常是由于两个导体意外接触引起的。这种情况可能由于元件故障、误操作或环境中的污染等因素造成。在日常的电路维护和检查中，对于低电阻通路的检测和预防是至关重要的。

首先，让我们深入了解一下低电阻通路产生的原因。在电路中，各个元件之间应当保持一定的距离，以防止电流不必要地流过非预期的路径。然而，当某些元件出现故障，如松动、断裂或是受到外部环境的污染时，原本应该绝缘的部分可能发生接触，形成低电阻通路。此外，人为的误操作，如在接线时不慎将两根导线碰在一起，也可能导致低电阻通路的产生。

低电阻通路的存在对电路的稳定性构成了严重威胁。短路是最常见的影响之一。当低电阻通路形成，电流可能会大量增加，远超过正常值。这种过大的电流会导致设备过热，严重时甚至可能烧毁设备。另外，电流的急剧增加也可能引发电源的过载保护机制，导致整个系统断电，影响到设备的正常运行。

除了短路和设备损坏，低电阻通路还可能引发其他的电气问题。例如，它可能会影响到电路中的电压分布，使得某些部分的电压异常升高。这种不稳定的电压环境对于电子设备来说是非常危险的，因为它可能导致设备性能下降、数据丢失或者更严重的故障。

为了预防和检测低电阻通路，维护人员需要采取一系列措施。首先，定期的电路检查是必不可少的。通过使用专业的测试设备和工具，维护人员可以检测到电路中异常的电阻值，从而及时发现并修复低电阻通路。其次，加强设备的维护和保养也是预防低电阻通路的有效手段。例如，保持设备的清洁、紧固松动的元件、定期更换磨损的部件等，都可以降低低电阻通路产生的风险。

此外，为了防止人为的误操作，应当对操作人员进行充分的培训，确保他们熟悉电路的原理和操作规程。同时，在设计和安装电路时，应当考虑到各种可能的环境因素，如温度、湿度和污染等，采取相应的防护措施，以增强电路的稳定性和可靠性。

总结起来，低电阻通路是一个需要引起高度重视的问题。它可能由元件故障、误操作或环境污染等多种原因引起，对电路的稳定性和设备的正常运行构成威胁。为了预防和解决低电阻通路问题，维护人员需要定期检查、加强设备的维护保养、提高操作人员的技能水平，并采取相应的防护措施来增强电路的稳定性和可靠性。只有这样，我们才能确保电路的正常运行，避免因低电阻通路引起的各种电气问题。

（三）元件参数异常

在电路中，元件的参数是至关重要的，因为它们决定了整个电路的性能和功能。然而，元件的参数常常会偏离其标称值，这可能会对电路的性能产生不利影响。

元件参数偏离其标称值的原因有多种，其中最常见的是老化。随着时间的推移，元件的物理和化学性质可能会发生变化，导致其参数逐渐偏离标称值。例如，电阻器的阻值可能会随着时间的推移而增加或减小，电容器的容量也可能会发生变化。

另一个原因是温度变化。温度对电路元件的参数有很大影响。当温度升高时，许多元件的参数值会发生变化，如金属导体的电阻值会增加，而某些电容器的容量会减小。因此，温度的波动可能会使元件的参数偏离标称值。

此外，制造误差也是导致元件参数偏离标称值的一个原因。在生产过程中，由于制造工艺的限制和误差，生产的元件参数可能不会完全符合设计要求。这些制造误差可能会影响电路的性能和稳定性。

元件参数偏离标称值对电路的性能和稳定性有很大影响。如果元件的参数发生较大的变化，可能会导致电路的性能下降或不稳定。例如，如果电阻器的阻值偏离标称值过大，可能会导致电路中的电流或电压值异常，影响电路的正常工作。如果电容器的容量发生变化，可能会影响电路的频率响应或稳定性。

为了减小元件参数偏离标称值的影响，可以采用一些补偿和校正措施。例如，在电路设计中考虑元件参数的变化范围，预留一定的余量以应对参数变化。此外，可以使用反馈控制技术来检测和调整电路中的参数变化，从而保持电路性能的稳定。

此外，对于一些关键元件，可以采用优质的材料和先进的制造工艺来提高其稳定性和可靠性。例如，使用高品质的陶瓷材料来制作电容器的电介质，可以减小温度变化对电容器性能的影响。

总之，元件参数偏离标称值是一个常见的问题，它可能由老化、温度变化、制造误差等原因引起。为了确保电路的性能和稳定性，我们需要了解元件参数变化的影响，并采取相应的补偿和校正措施来减小参数变化对电路性能的影响。同时，采用优质的元件和先进的制造工艺也是提高电路性能和稳定性的重要手段。通过这些措施，我们可以确保电路的正常运行并延长其使用寿命。

（四）容性故障

在电子设备中，电容器是关键的元件之一，它们在电路中发挥着重要的作用。然而，电容器可能会遇到各种问题，其中最常见的是短路和断路。这些问题不仅会影响电容器的性能，还可能对整个电路产生不利影响。

首先，电容器短路是指电容器正负极之间发生直接导通的现象。这可能是由于电容器内部短路、外部损伤或绝缘层失效等原因引起的。当电容器短路时，它相当于一个阻值非常小的电阻，导致电流迅速增加，产生大量的热量。如果短路引起过热，可能会烧毁电容器的绝缘层，甚至引起火灾。

此外，电容器短路还会导致电路中的电压异常分布。在正常情况下，电路中的电压是均匀分布的。但是，当电容器短路时，它的两端电压降为零，导致其他元件的电压升高。这种异常的电压分布可能会损坏其他元件或导致电路性能下降。

另一方面，电容器断路是指电容器正负极之间断开的现象。这可能是由于电容器老化、制造缺陷或外部损伤等原因引起的。当电容器断路时，它相当于一个无穷大的电阻，导致电流无法流通。这可能会影响信号处理或导致信号中断。例如，在一些音频设备中，电容器的断路可能导致声音信号丢失或音质变差。

为了解决电容器短路和断路问题，需要采取一系列的预防和维修措施。首先，选择高品质的电容器是非常重要的，以确保其具有高可靠性和长寿命。此外，在电路设计中考虑电容器故障的影响也是至关重要的。例如，可以使用冗余电容来降低单个电容器故障对电路性能的影响。

此外，对于一些关键的应用，可以使用智能电源管理技术来实时监测电容器的状态和性能。这些技术可以通过测量电容器两端的电压、电流和温度等参数来判断电容器的状态是否正常。如果发现异常情况，可以及时采取措施进行维修或更换电容器，以避免对整个电路造成更大的影响。

总之，电容器短路和断路是常见的问题，它们可能由多种原因引起。为了确保电路的正常运行和稳定性，我们需要了解这些问题的影响并采取相应的预防和维修措施。通过选择高品质的电容器、考虑冗余设计、使用智能电源管理技术等手段，可以有效地减小电容器故障对电路性能的影响，并延长整个电路的使用寿命。

（五）感性故障

在电子设备和电路中，电感器是一种重要的元件，它们在许多方面都发挥着关键的作用。然而，与电感器相关的问题也可能发生，其中最常见的是开路和短路。这些问题不仅会影响电感器的性能，还可能对整个电路产生不利影响。

首先，电感器开路是指线圈中的电流无法流通的现象。这可能是由于线圈损坏、磁芯位移或绕组间开裂等原因引起的。当电感器开路时，它相当于一个无穷大的电阻，导致电流无法通过。这可能会影响磁场和电压波形的正常形成，导致能量传输异常。

此外，电感器开路还可能导致电路中的电压异常分布。在正常情况下，电路中的电压是均匀分布的。但是，当电感器开路时，它的两端电压升高，导致其他元件的电压降低。这种异常的电压分布可能会损坏其他元件或导致电路性能下降。

另一方面，电感器短路是指线圈中的电流异常增加的现象。这可能是由于绕组间短路、线圈损坏或接触不良等原因引起的。当电感器短路时，它相当于一个阻值非常小的电阻，导致电流迅速增加，产生大量的热量。如果短路引起过热，可能会烧毁电感器的线圈或磁芯，甚至引发火灾。

为了解决电感器开路和短路问题，需要采取一系列的预防和维修措施。首先，选择高品质的电感器是非常重要的，以确保其具有高可靠性和长寿命。此外，在电路设计中考虑电感器故障的影响也是至关重要的。例如，可以使用冗余电感来降低单个电感器故障对电路性能的影响。

此外，对于一些关键的应用，可以使用智能电源管理技术来实时监测电感器的状态和性能。这些技术可以通过测量电感器两端的电压、电流和温度等参数来判断电感器的状态是否正常。如果发现异常情况，可以及时采取措施进行维修或更换电感器，以避免对整个电路造成更大的影响。

总之，电感器开路和短路是常见的问题，它们可能由多种原因引起。为了确保电路的正常运行和稳定性，我们需要了解这些问题的影响并采取相应的预防和维修措施。通过选择高品质的电感器、考虑冗余设计、使用智能电源管理技术等手段，可以有效地减小电感器故障对电路性能的影响，并延长整个电路的使用寿命。

（六）电磁干扰（EMI）故障

在电子设备和电路中，电磁噪声、辐射干扰和传导干扰是常见的故障源，这些故障是由于电路中的高电压、大电流或快速开关动作等因素引起的。电磁噪声是指在电路中随机产生的电压或电流信号，它可能是由于电路中的元件相互干扰、外部磁场影响或电路设计不合理等原因引起的。这种噪声可以导致信号失真，使设备性能下降，甚至引发误操作。

辐射干扰是指通过空间传播的电磁干扰，它可能是由于电路中的高频信号或快速开关动作产生的。这些干扰信号可以通过空间传播，对其他电子设备产生影响，导致性能下降或相互干扰。传导干扰则是通过电路中的导线和电源等传播的电磁干扰，它可能是由于电路中的高电压或大电流产生的。这种干扰可以影响电路的正常工作，甚至损坏电子元件。

为了解决电磁噪声、辐射干扰和传导干扰问题，需要采取一系列的预防和维修措施。首先，合理设计电路和布局是非常重要的。通过优化电路设计、选择合适的元件和布局、减少高频信号的辐射等措施，可以有效地减小电磁噪声和辐射干扰的影响。此外，使用适当的屏蔽和接地技术也可以进一步降低传导干扰的影响。

其次，对于一些关键的应用，可以使用滤波器和去耦电容等元件来减小电磁噪声和传导干扰的影响。滤波器可以滤除电路中的无用信号，而去耦电容可以吸收电路中的瞬态电压和电流，从而减小电磁噪声和传导干扰的影响。

此外，对于一些高性能的电子设备，可以使用 EMI 抑制技术来进一步减小电磁噪声和辐射干扰的影响。这些技术可以通过吸收、反射或转换电磁噪声和辐射干扰能量等方式来减小其对电路性能的影响。

总之，电磁噪声、辐射干扰和传导干扰是常见的故障源，它们可能由多种原因引起。为了确保电路的正常运行和稳定性，我们需要了解这些问题的影响并采取相应的预防和维修措施。通过合理设计电路和布局、使用滤波器和去耦电容、使用 EMI 抑制技术等手段，可以有效地减小电磁噪声、辐射干扰和传导干扰对电路性能的影响，并延长整个电路的使用寿命。

（七）逻辑故障

在数字电路中，逻辑关系和功能是至关重要的。它们决定了电路的行为和性能，一旦逻辑关系或功能出现问题，整个电路的性能和稳定性将受到严重影响。

数字电路中的逻辑关系通常由门电路、触发器等逻辑组件构成。这些组件的配置直接决定了电路的逻辑功能。如果这些逻辑组件的配置不正确，就会导致逻辑故障。例如，门电路的输入信号可能被错误地配置，导致输出信号状态错误；触发器可能由于时钟信号的时序不匹配而无法正常工作；逻辑门之间的连接可能不正确，导致整个电路的逻辑功能失效。

这些逻辑故障可能对电路的性能和稳定性产生严重影响。例如，如果某个门电路的输出状态错误，它可能会影响后续电路的行为，导致整个系统的功能异常。如果触发器无法正常工作，它可能会影响时钟信号的时序，进而导致时序不匹配的问题。如果逻辑门之间的连接不正确，它可能会使整个电路无法实现预期的逻辑功能，导致系统功能失效。

为了解决这些问题，需要采取一系列的预防和维修措施。首先，应该对数字电路的设计进行严格的验证和测试，确保逻辑关系和功能正确无误。在设计阶段，可以使用仿真工具对电路进行仿真测试，以检查逻辑关系的正确性和功能的稳定性。

其次，在制造和装配过程中，应该对每个逻辑组件进行严格的质量控制和检测。如果发现有损坏或配置不正确的组件，应该及时更换或修复。此外，在数字电路的使用过程中，应该定期进行维护和检查，以确保逻辑关系和功能始终保持正常状态。

此外，如果发现数字电路存在逻辑故障，可以使用一些诊断工具和技术来定位和修复问题。例如，可以使用逻辑分析仪来捕获和分析数字电路的信号状态和时序；可以使用仿真工具来模拟电路的行为并检查逻辑关系的正确性；还可以使用故障排除技术来定位和修复问题。

综上所述，数字电路中的逻辑关系和功能是非常重要的，它们决定了电路的行为和性能。如果存在逻辑故障，可能会导致信号状态错误、时序不匹配或整体功能失效等问题。为了确保数字电路的正常运行和稳定性，我们需要采取一系列的预防和维修措施，并使用适当的诊断工具和技术来定位和修复问题。这样可以延长数字电路的使用寿命并提高其性能和稳定性。

（八）热故障

在设备运行过程中，过热是一个常见的问题，它可能会导致设备故障，影响设备的性能和寿命。过热的原因有很多，其中最常见的是过载、通风不良和散热设计不佳等。

当设备过载时，其产生的热量会远远超过设计时的散热能力，导致设备温度迅速升高。如果设备的通风不良，无法及时将热量排出，也会导致过热。此外，如果设备的散热设计不佳，无法有效地将热量散发出去，也会导致过热。

过热对设备的影响非常大。首先，过热会导致元件性能退化。由于高温的影响，元件的参数会发生变化，导致元件的性能下降。随着时间的推移，元件的性能会越来越差，最终导致设备故障。

其次，过热还会加速元件的老化。在高温下，元件的材料会加速氧化、退化或变质，导致其寿命大大缩短。这不仅会导致设备频繁出现故障，还可能引发安全问题。

另外，过热还可能引发火灾等安全问题。如果设备的温度过高，超过了其材料的耐热极限，就可能引发火灾。这不仅会导致设备损坏，还可能危及人员的生命安全。

为了解决设备过热的问题，需要采取一系列的措施。首先，应该合理地选择和配置设备，避免出现过载的情况。在运行设备时，应该注意控制设备的负载，避免长时间高负载运行。

其次，应该加强设备的通风。如果设备的通风不良，可以增加通风口、更换风扇或加强设备的散热设计等措施来改善通风状况。同时，应该定期清理设备内部的灰尘和杂物，确保散热器的散热效果良好。

此外，应该优化设备的散热设计。在设计设备时，应该充分考虑散热问题，合理地设计散热结构和散热材料。如果设备的散热设计不佳，可以增加散热面积、改进散热方式或更换散热材料等措施来改善散热效果。

另外，应该定期检查设备的温度和散热情况。如果发现设备温度过高或散热不良，应该及时采取措施进行维修和保养。如果设备的温度过高或散热问题严重，可能需要更换散热器或整个设备。

综上所述，设备过热是一个常见的问题，它可能导致元件性能退化、加速老化或发生火灾等安全问题。为了确保设备的正常运行和安全性，我们需要采取一系列的措施来预防和解决设备过热的问题。这包括合理地选择和配置设备、加强设备的通风、优化设备的散热设计以及定期检查设备的温度和散热情况等措施。通过这些措施的执行和落实，我们可以有效地降低设备过热的风险，延长设备的使用寿命并提高其性能和稳定性。

（九）环境因素导致的故障

在各种环境和条件下，设备可能会受到湿度、温度、气压等环境因素的影响。这些环境因素对设备的性能和寿命具有显著的影响。当环境变化超过设备承受范围或防护措施失效时，设备可能会出现故障。

首先，湿度是影响设备性能的重要因素之一。如果设备在潮湿的环境中运行，水汽会侵蚀电路板和电子元件，导致短路、腐蚀或电气故障。此外，高湿度还会降低设备的绝缘性能，增加触电风险。如果设备的密封性能不佳，湿气还会进入设备内部，导致内部电路和元件受潮，引发一系列问题。

其次，温度也是影响设备性能的重要因素之一。过高或过低的温度都会对设备造成不良影响。高温会导致设备过热，加速元件的老化和退化；低温则可能导致设备内部结霜或凝露，造成电路板和元件短路。如果设备没有采取适当的散热或保温措施，其性能和寿命将受到严重影响。

此外，气压也对设备的运行产生影响。在高海拔或低气压环境下，空气稀薄，设备可能会因缺氧而出现性能下降或无法正常工作的情况。同时，气压的变化还可能对设备的密封性能造成影响，导致密封失效或内部压力失衡等问题。

环境因素对设备的影响是多方面的。首先，环境变化可能导致密封失效。设备的密封性能是其正常运行的重要保障之一。如果设备没有采取适当的密封措施或密封材料老化、损坏，水汽、灰尘和其他污染物就会进入设备内部，导致电路板和元件受潮、腐蚀或损坏。

其次，环境因素可能导致设备腐蚀。在潮湿、盐雾或酸雨等环境下，设备的外壳和内部元件容易受到腐蚀，导致其性能下降或失效。此外，金属部分锈蚀还可能引发短路等严重问题。

另外，环境因素还可能降低设备的绝缘电阻。绝缘材料在潮湿、高温或高电压等环境下容易老化或受损，导致其绝缘性能下降。这不仅会增加触电风险，还可能引发电击等安全问题。

为了应对环境因素对设备的影响，需要采取一系列的措施。首先，应该根据设备的使用环境和条件选择合适的材料和防护措施，确保设备的密封性能良好，能够抵御各种环境因素的侵蚀。

其次，应该加强设备的散热设计，确保设备在高温度环境下能够正常运行。对于需要长时间在高温环境下运行的设备，应该定期进行维护和检查，确保其性能和安全性。

此外，应该采取有效的防潮、防锈等措施，避免设备受到潮湿、盐雾或酸雨等环境因素的侵蚀。对于需要长时间在潮湿环境下运行的设备，应该定期进行除湿和维护，确保其正常运行和寿命。

综上所述，环境条件（如湿度、温度、气压等）对设备的正常运行具有显著的影响。当环境变化超过设备承受范围或防护措施失效时，设备可能会出现故障。为了确保设备的正常运行和安全性，我们需要采取一系列的措施来应对环境因素的影响。这包括选择合适的材料和防护措施、加强设备的散热设计、采取有效的防潮、防锈等措施以及定期进行维护和检查等措施。通过这些措施的执行和落实，我们可以有效地降低环境因素对设备的影响，延长设备的使用寿命并提高其性能和稳定性。

（十）人为因素导致的故障

在设备的运行和使用过程中，人为错误、误操作或维护不当是一个常见的故障原因。这些人为因素可能导致设备出现电路损坏、性能下降或安全风险增加等后果，严重影响设备的正常运行和使用寿命。

首先，错误的连接是常见的人为错误之一。在进行设备的安装、维修或调试时，如果连接线路不正确或未按照规定进行连接，可能会导致电路短路、断路或设备内部元件损坏等问题。例如，电源线接错会导致设备损坏或火灾等严重后果。

其次，错误的元件代用也是一个常见的人为错误。由于设备中使用的元件种类繁多，不同的元件可能具有不同的参数和性能。如果在使用过程中误将元件代用，可能会导致设备性能下降、工作不稳定或安全风险增加等问题。例如，将低功率的电阻代用于高功率的电路中，可能会导致电路过载，引发火灾或设备损坏等后果。

另外，错误的配置也是常见的人为错误之一。在设备的配置过程中，如果配置参数不正确或不匹配，可能会导致设备无法正常工作、性能下降或安全风险增加等问题。例如，网络设备的 IP 地址配置错误会导致网络通信中断或设备无法访问网络等后果。

除了以上常见的人为错误，维护不当也是导致设备故障的一个重要原因。在设备的维护过程中，如果没有按照规定的程序和要求进行操作和维护，可能会导致设备损坏或性能下降等问题。例如，在清洁设备时使用不合适的清洁剂或清洁方法，可能会腐蚀设备表面或内部元件，导致设备损坏或性能下降等后果。

为了减少人为错误、误操作或维护不当引起的故障，需要采取一系列的措施。首先，应该加强操作人员的培训和教育，提高其技能和操作水平。操作人员应该熟悉设备的原理、结构和操作规范，掌握正确的安装、维修和调试方法。同时，还应该加强操作人员的安全意识教育，确保其在使用过程中遵循安全规定和要求。

其次，应该建立完善的设备管理制度和维护规程，明确设备的使用、维护和保养要求。对于重要的设备和关键部件，应该定期进行检查、测试和维护，确保其性能和安全性。同时，还应该建立设备故障记录和维修档案，对设备的故障原因和维修过程进行详细记录和分析，以便及时发现和解决潜在问题。

另外，还应该加强设备的监测和预警系统建设。通过实时监测设备的运行状态和参数，及时发现异常情况并采取相应的措施进行处理。同时，还应该建立预警系统，对可能出现的故障进行预测和预警，以便提前采取措施进行预防和维护。

综上所述，人为错误、误操作或维护不当是导致设备故障的一个重要原因。为了减少这些故障的发生，需要加强操作人员的培训和教育、建立完善的设备管理制度和维护规程、加强设备的监测和预警系统建设等措施。通过这些措施的执行和落实，可以有效地减少人为因素对设备的影响，提高设备的运行稳定性和安全性。

三、电子电路故障诊断的方法

在电子设备中，电路的正常运行是设备功能性的基础。当电子电路出现故障时，快速准确地诊断故障原因并修复问题至关重要。下文将详细介绍电子电路故障诊断的常用方法。

（一）直接观察法

直接观察法，作为最基本的故障诊断方法，其核心在于依赖维修人员的专业经验和对于电路的深入了解。在现代电子设备维修中，这种方法仍然被广泛采用，并发挥着不可替代的作用。

当面对一台出现故障的电子设备时，经验丰富的维修人员会首先采用直接观察法。这种方法并不涉及复杂的仪器或高端技术，而是完全依赖于维修人员的专业知识和肉眼观察。通过仔细的观察，可以发现许多明显的物理损坏，例如电线烧焦、元件断裂、线路板变色等。这些损坏往往是故障的直接表现，为维修人员提供了明确的故障线索。

除了对物理损坏的观察，直接观察法还包括对电子设备的各个方面进行细致的检查。例如，电源连接是否稳固、元件的焊接点是否有开裂或虚焊、开关状态是否正常等。这些看似微小的细节，实则对于判断故障起着至关重要的作用。一个松动的电源插头或一个焊接不良的元件，都可能导致设备无法正常工作。

直接观察法的优点在于其直观性和简便性。通过直接的观察，维修人员可以快速地定位故障点，从而大大缩短维修时间。此外，这种方法对于培养维修人员的经验和技能也具有重要意义。通过不断的实践和积累，维修人员的观察力和判断力将得到极大的提升，使其在面对各种复杂的电路故障时能够更加从容应对。

然而，直接观察法也存在一定的局限性。对于一些较为隐蔽的故障或涉及复杂电路的故障，直接观察法可能无法准确地找到故障点。此时，需要借助专业的测试仪器和工具进行深入的检测和分析。

综上所述，直接观察法作为最基本的故障诊断方法，具有其独特的价值和地位。它不仅依赖于维修人员的经验和技能，也是他们在实践中不断积累和成长的基石。在未来，随着电子设备的发展和电路技术的不断更新，直接观察法仍将在故障诊断领域发挥其不可替代的作用。

为了更好地应用直接观察法，维修人员需要不断地学习和进修，以跟上电子设备的发展步伐。通过参加专业培训、阅读最新的技术文献和参与行业交流活动，维修人员可以不断提升自己的专业知识和技能水平。只有这样，他们才能在面对各种复杂的电路故障时更加自信、准确地找到故障点，并提供有效的解决方案。

此外，为了提高直接观察法的准确性和可靠性，可以考虑结合其他先进的故障诊断技术。例如，可以利用现代信息技术和传感器技术，对电子设备进行实时监测和数据采集。通过将这些数据与正常状态下的数据进行对比分析，可以更加准确地判断是否存在故障以及故障的具体位置。这种结合了直接观察法和数据分析的方法，将有助于提高故障诊断的效率和准确性。

总之，直接观察法作为最基本的故障诊断方法，在电子设备维修中仍然具有重要的应用价值。通过不断地积累经验、学习和创新，维修人员将能够更好地运用这一方法，为电子设备的正常运行提供可靠的保障。

（二）听诊器法

听诊器法，顾名思义，是一种通过听取电路工作时的声音来判断故障的方法。这种方法在电子设备维修中扮演着重要的角色，尤其是对于一些难以观察或无法使用直接观察法的故障。

听诊器法主要依赖于声音的识别和分析。当电路中的元件或连接点出现异常时，往往会产生特定的声音或振动。这些声音或振动可能是由于元件的振动、接触不良的连接点、电磁干扰等原因引起的。经验丰富的维修人员可以通过仔细听取这些声音，并分析其特征，如频率、强度、持续时间等，来判断故障的位置和性质。

在实际应用中，维修人员会使用专门的听诊器设备来听取电路工作时的声音。这种听诊器通常具有高灵敏度麦克风和放大器，能够捕捉到微小的声音变化，并将其清晰地呈现出来。通过将听诊器贴近电路的不同部位，维修人员可以捕捉到不同的声音信息，从而初步判断出故障的位置。

听诊器法的优点在于其非侵入性和高灵敏度。与直接观察法不同，听诊器法不需要打开电路板或连接测试仪器，因此对于一些不宜拆解或易损坏的设备来说特别适用。此外，听诊器法还可以用于检测一些难以观察的故障，如电磁干扰、元件内部故障等。

然而，听诊器法也存在一定的局限性。首先，它对维修人员的经验和技能要求较高。只有经过长时间的学习和实践，才能培养出敏锐的听觉辨别能力。其次，听诊器法受到环境噪声和其他干扰因素的影响较大，可能会影响判断的准确性。因此，在使用听诊器法时，需要选择安静的工作环境和合适的听诊器设备。

为了提高听诊器法的准确性和可靠性，一些先进的听诊器设备已经加入了数字信号处理和人工智能技术。这些技术可以对声音信号进行自动分析、比较和识别，帮助维修人员更快速、准确地定位故障位置。同时，结合电路原理图和实际工作经验，维修人员还可以进一步缩小故障范围，提高维修效率。

此外，为了更好地应用听诊器法，维修人员还需要不断学习和更新知识。随着电子设备的发展和电路技术的不断进步，新的故障模式和声音特征可能会不断涌现。通过参加专业培训、阅读最新的技术文献和参与行业交流活动，维修人员可以不断提升自己的专业知识和技能水平，以应对各种复杂的电路故障。

总之，听诊器法作为一种独特的故障诊断方法，在电子设备维修中具有重要的应用价值。通过仔细听取电路工作时的声音，并借助先进的技术和设备支持，维修人员将能够更加准确地判断故障位置和性质，提高维修工作的效率和可靠性。在未来，随着技术的不断进步和应用领域的拓展，听诊器法将在电路故障诊断领域发挥更加重要的作用。

（三）参数测量法

参数测量法，又称为"万用表法"，是一种通过使用电子测量仪器来获取电路中各种参数值，如电压、电流、电阻、电容等，并对其进行分析的方法。这种方法在电子设备维修中具有广泛的应用，因为它能够快速、准确地定位故障的原因。

要使用参数测量法，首先需要选择合适的电子测量仪器，如万用表、示波器等。这些仪器能够提供高精度的测量结果，帮助维修人员准确地获取电路中的各种参数值。

在进行测量时，维修人员需要遵循一定的步骤和注意事项。首先，要断开电源，以避免对测量结果造成影响或对电路造成损坏。然后，根据需要测量的参数类型，选择合适的测量仪器和量程。例如，如果要测量电压，可以选择万用表的电压挡；如果要测量电阻，可以选择万用表的电阻挡。

接下来，将测量仪器连接到电路中相应的测试点上。测试点的选择对于获得准确的测量结果至关重要。通常情况下，测试点应该选择在靠近故障点的位置，以便能够获取到最直接、最真实的数据。

完成测量后，将所获得的参数值与正常值进行比较。通过分析参数的变化，可以初步判断故障的原因。例如，如果测量的电流值超过正常范围，可能存在元件短路或电源过载等问题。如果测量的电阻值异常，可能存在元件损坏或接触不良等问题。

除了电流和电阻的测量外，参数测量法还可以用于测量电容和电感等元件的性能参数。例如，通过测量电容的充放电时间常数或电感的电阻值，可以判断电容或电感的性能是否正常。

参数测量法的优点在于其快速、准确和无损的特点。与直接观察法相比，参数测量法能够更深入地了解电路的工作状态和元件的性能状况，从而更准确地定位故障的原因。同时，参数测量法不需要打开电路板或连接测试仪器，因此对于一些不宜拆解或易损坏的设备来说特别适用。

然而，参数测量法也存在一定的局限性。首先，它需要维修人员具备一定的电子技术和测量经验，能够正确选择测试点、仪器量程和参数类型。其次，参数测量法只能提供电路中某一时刻的参数值，无法反映电路的工作动态和过程。因此，对于一些瞬态或间歇性故障，参数测量法可能无法准确捕捉到异常现象。

为了提高参数测量法的准确性和可靠性，一些先进的电子测量仪器已经加入了人工智能技术。这些仪器能够对所获得的参数值进行自动分析和比较，帮助维修人员快速识别异常值和故障模式。同时，结合电路原理图和实际工作经验，维修人员还可以进一步缩小故障范围，提高维修效率。

此外，为了更好地应用参数测量法，维修人员还需要不断学习和更新知识。随着电子设备的发展和电路技术的不断进步，新的故障模式和参数变化规律可能会不断涌现。通过参加专业培训、阅读最新的技术文献和参与行业交流活动，维修人员可以不断提升自己的专业知识和技能水平，以应对各种复杂的电路故障。

总之，参数测量法作为一种重要的故障诊断方法，在电子设备维修中发挥着不可或缺的作用。通过正确使用电子测量仪器对电路中的电压、电流、电阻、电容等参数进行测量和分析，维修人员将能够更加准确地判断故障的原因和位置，提高维修工作的效率和可靠性。在未来，随着技术的不断进步和应用领域的拓展，参数测量法将在电路故障诊断领域发挥更加重要的作用。

（四）替换法

替换法，又称为"替换排除法"，是一种通过更换可疑元件来诊断故障的方法。这种方法的核心思想是，如果怀疑某个元件存在问题，那么使用一个新的、同型号的元件进行替换，观察设备是否恢复正常工作。如果设备恢复正常，那么可以确定问题就出在那个被替换的元件上。

替换法的实施过程相对简单，但需要维修人员具备一定的技术水平和经验。首先，维修人员需要根据故障现象和电路原理图，初步判断可能存在问题的元件。这需要维修人员具备丰富的经验和专业知识，以及对电路工作原理的深入理解。

一旦确定了可疑元件，维修人员需要准备一个同型号的新元件。在更换元件时，需要遵循一定的操作步骤和注意事项。首先，要确保断开电源，以避免对电路造成二次损坏或对维修人员造成安全风险。其次，要仔细检查可疑元件的连接是否牢固，避免因接触不良引起新的故障。

完成元件更换后，维修人员需要重新通电，观察设备是否恢复正常工作。如果设备恢复正常，那么可以确定原可疑元件存在问题。此时，可以将替换下来的元件进行进一步检测或送修，以确定具体的故障原因。

替换法的优点在于其简单、快捷和有效。通过替换元件，可以快速定位故障部位，提高维修效率。同时，替换法不需要复杂的测试设备和仪器，降低了维修成本。

然而，替换法也存在一定的局限性。首先，如果没有合适的备件或库存，替换法可能无法实施。其次，对于一些内部结构复杂的集成电路或模块，替换法可能不太适用。在这种情况下，可能需要采用其他测试和诊断方法来确定故障原因。

另外，替换法也要求维修人员具备一定的判断力和经验。在确定可疑元件时，需要综合考虑故障现象、电路原理和工作经验等多方面因素。如果判断不准确或选错元件进行替换，可能会导致故障仍然存在或引入新的故障。

为了提高替换法的准确性和可靠性，维修人员需要不断学习和更新知识。随着电子设备和集成电路技术的不断发展，新的故障模式和元件类型可能会不断涌现。通过参加专业培训、阅读最新的技术文献和参与行业交流活动，维修人员可以不断提升自己的专业知识和技能水平，以应对各种复杂的电路故障。

此外，为了更好地应用替换法，维修人员还需要建立完善的备件库存管理制度。保持一定数量的常用元件库存，可以确保替换法的顺利实施。同时，对于一些不常用的或特殊型号的元件，可以考虑与供应商建立合作关系，以便在需要时能够及时获得备件。

总之，替换法作为一种常见的故障诊断方法，在电子设备维修中发挥着重要的作用。通过正确使用替换法对可疑元件进行替换和检测，维修人员将能够快速定位故障部位并修复问题。同时，为了提高维修效率和准确性，维修人员还需要不断学习和提升自己的专业知识和技能水平。

（五）断开法

断开法是一种通过将电路中的一部分断开，观察电路是否能恢复正常工作，以此来判断故障是否由该部分引起的方法。这种方法的核心思想是，如果断开某个电路部分后，设备恢复正常工作，那么问题就出在该部分。

在实施断开法之前，需要先对电路原理图进行深入分析和理解，确定可能存在问题的电路部分。然后，根据实际情况选择适当的断开方式，如断开某个连接点、拆下某个元件或断开某个电路板等。

在断开电路部分后，需要重新通电，观察设备是否能恢复正常工作。如果设备恢复正常，那么可以确定原电路部分存在问题。此时，可以进一步对该部分进行深入检测或分析，以确定具体的故障原因。

断开法的优点在于其简单、快捷和有效。通过断开电路部分，可以快速定位故障部位，提高维修效率。同时，断开法不需要复杂的测试设备和仪器，降低了维修成本。

然而，断开法也存在一定的局限性。首先，如果电路部分包含多个功能或模块，断开其中一个可能会对其他功能造成影响，导致误判。其次，对于一些内部结构复杂的集成电路或模块，断开法可能不太适用。在这种情况下，可能需要采用其他测试和诊断方法来确定故障原因。

另外，断开法也需要维修人员具备一定的判断力和经验。在选择断开电路部分时，需要综合考虑故障现象、电路原理和工作经验等多方面因素。如果判断不准确或选错断开部位，可能会导致故障仍然存在或引入新的故障。

为了提高断开法的准确性和可靠性，维修人员需要不断学习和更新知识。随着电子设备和集成电路技术的不断发展，新的故障模式和电路结构可能会不断涌现。通过参加专业培训、阅读最新的技术文献和参与行业交流活动，维修人员可以不断提升自己的专业知识和技能水平，以应对各种复杂的电路故障。

此外，为了更好地应用断开法，维修人员还需要建立完善的电路分析和管理制度。保持对电路原理图和电路结构的深入了解和掌握，可以帮助维修人员更好地选择断开的部位和判断故障原因。同时，对于一些复杂或特殊的电路结构，可以考虑与同事或专家进行交流和讨论，以便更好地理解和分析故障现象。

总之，断开法作为一种常见的故障诊断方法，在电子设备维修中发挥着重要的作用。通过正确使用断开法对电路部分进行断开心和观察，维修人员将能够快速定位故障部位并修复问题。同时，为了提高维修效率和准确性，维修人员还需要不断学习和提升自己的专业知识和技能水平。

（六）波形观察法

波形观察法是电子设备维修中一种非常重要的技术手段。这种方法的核心是利用示波器来观察信号的波形，并与正常波形进行比较。通过对比波形的幅度、形状、频率等参数，可以判断电路中的信号是否正常。

示波器是一种能够将电信号转换为可视图形的仪器。在波形观察法中，示波器的作用是至关重要的。通过示波器的显示屏，维修人员可以直观地观察信号波形的变化情况。同时，示波器还可以测量信号的幅度、频率等参数，为判断故障提供数据支持。

在进行波形观察法时，首先需要选择适当的示波器和探头。根据被测信号的频率和幅度范围，选择合适的示波器和探头能够提高测试的准确性和可靠性。然后，将示波器探头连接到被测电路的测试点上，调整示波器的相关参数，如扫描速度、幅度等，使波形在显示屏上清晰可见。

接下来，将观察到的波形与正常波形进行比较。正常波形可以是从同一设备正常运行时获取的，或者是根据电路原理图和相关技术资料推算出来的。通过对比幅度、形状、频率等参数，可以判断信号是否正常。如果发现波形异常，如幅度不稳定、频率偏移等，可能存在元件损坏、信号干扰等问题。

波形观察法的优点在于其直观性和非破坏性。通过观察波形，可以快速定位故障部位，避免了对设备的进一步损坏。同时，波形观察法还可以帮助维修人员深入了解电路的工作原理和信号流程，为后续的故障分析和修复提供有力支持。

然而，波形观察法也存在一定的局限性。首先，对于一些低频或直流信号，示波器的测试效果可能不太理想。其次，波形观察法需要维修人员具备一定的信号分析和处理能力，能够对异常波形进行正确的分析和判断。最后，波形观察法需要使用昂贵的示波器等测试设备，对于一些小型维修机构或个人而言，成本较高。

为了提高波形观察法的准确性和可靠性，维修人员需要不断学习和掌握信号处理和电路分析的相关知识。同时，在实际操作中，还需要注意测试点的选择、探头的匹配、示波器的校准等因素，以获得准确的测试结果。此外，还需要建立完善的测试记录和故障分析制度，对测试数据进行整理和分析，以便更好地定位故障原因和制定修复方案。

总之，波形观察法作为一种重要的故障诊断方法，在电子设备维修中发挥着重要的作用。通过正确使用示波器对信号波形进行观察和比较，维修人员将能够快速定位故障部位并修复问题。同时，为了提高维修效率和准确性，维修人员还需要不断学习和提升自己的专业知识和技能水平。

（七）软件诊断法

软件诊断法是一种依赖专门诊断软件来检测电子设备故障的方法。随着计算机技术的飞速发展，软件诊断法已经成为一种高效、准确的故障检测手段。

专门的诊断软件，也称为系统诊断工具或故障检测软件，可以对电子设备进行全面深入的检查。这类软件通常具备强大的检测功能，可以自动检测设备的硬件配置、系统状态、软件运行情况等。通过与已知的正常参数进行比较，软件能够迅速识别出异常或故障。

诊断软件的功能多样，可以覆盖多个层面。首先，它可以对设备的硬件配置进行检查，确保各个部件的型号、规格与预期相符，不存在硬件损坏或兼容性问题。其次，软件可以对操作系统、驱动程序和其他软件组件的运行状态进行监控，识别出可能存在的软件冲突、错误配置或恶意软件入侵等问题。此外，一些高级的诊断软件还能检测设备的性能瓶颈，分析系统资源的使用情况，为优化设备性能提供指导。

软件诊断法的优点在于其快速、准确和全面。通过自动化的检测流程，可以快速识别出一些常见的软件问题和配置错误，大大缩短了故障排除的时间。同时，软件诊断结果通常会附带修复建议或解决方案，帮助维修人员快速修复故障，提高工作效率。

然而，软件诊断法也存在一定的局限性。一方面，诊断软件可能无法检测到一些复杂的、深层次的硬件故障或系统问题。另一方面，对于一些特定设备或定制系统，可能缺乏适用的诊断软件或相应的技术支持。

为了提高软件诊断法的准确性和可靠性，需要选择可靠的诊断软件和保持软件的更新。同时，维修人员还需要具备一定的计算机知识和操作经验，能够根据诊断结果进行正确的故障分析和修复。

在实际应用中，软件诊断法通常作为初步的故障检测手段。当诊断软件识别出可能的故障后，维修人员需要进一步使用其他工具和手段进行验证和修复。例如，在硬件故障排除后，可能需要重新安装操作系统或更新驱动程序来解决软件问题。对于一些复杂的故障或定制系统，可能需要结合其他诊断方法和技术进行深入分析。

此外，随着云计算和远程诊断技术的发展，软件诊断法也在不断演变和创新。现代的诊断软件不仅可以本地运行，还可以通过云平台远程访问和控制设备，提供更灵活、高效的服务支持。同时，一些新型的诊断工具如智能传感器、物联网设备等也在逐步应用到电子设备的故障检测中。

总之，软件诊断法作为一种重要的故障检测手段，在电子设备维修中发挥着越来越重要的作用。通过选择合适的诊断软件和结合其他技术手段，维修人员将能够快速定位和修复各种软硬件问题，提高设备的稳定性和可靠性。同时，随着技术的不断进步和应用领域的拓展，软件诊断法也将持续创新和发展。

（八）对比法

对比法是一种故障诊断方法，其核心思想是将有故障的设备和正常设备进行对比。这种方法基于一个前提，即正常工作的设备和出现故障的设备在相同条件下应有不同的工作参数和性能表现。通过对比，可以发现两者之间的差异，进一步分析这些差异与故障之间的关系，从而定位故障的原因。

对比法在电子设备故障诊断中广泛应用。在进行对比之前，需要确保两台设备处于相同的测试条件，如相同的输入信号、相同的电源电压等。这样做的目的是为了消除外部因素对比较结果的影响，确保对比结果的准确性和可靠性。

在对比过程中，可以从多个方面进行比较，如设备的电气参数、信号波形、温度等。这些参数和性能表现直接反映了设备的运行状态。通过对比，可以发现故障设备在这些方面的异常或与正常设备的差异。这些差异可能就是导致故障的原因。

例如，在音频设备中，如果一个扬声器出现故障，可以通过对比正常扬声器和故障扬声器的声音输出波形来进行诊断。如果故障扬声器的波形出现异常，如振幅减小或相位偏移，这可能是导致声音失真的原因。进一步分析这些异常波形，可以定位故障的具体原因，如驱动器损坏、连接不良等。

除了直接比较参数和性能表现，还可以利用专门的测试仪器来进行对比。这些仪器可以对设备的各种参数进行精确测量和记录，提供详细的数据报告。通过分析这些数据报告，可以更深入地了解故障设备和正常设备在工作参数和性能表现上的差异。

对比法的优点在于其简单、直观和易于操作。不需要复杂的数学模型和算法，只需要对设备进行简单的测试和比较即可。因此，这种方法特别适用于现场维修和快速故障诊断。

然而，对比法也存在一些局限性。首先，这种方法依赖于正常设备的性能参数作为参考。如果没有可用的正常设备或正常设备的数据不可靠，对比法的准确性将受到限制。其次，对于一些复杂的故障或隐蔽的故障原因，可能难以通过简单的对比发现差异。在这种情况下，可能需要结合其他诊断方法和技术进行深入分析。

为了提高对比法的准确性和可靠性，需要选择可靠的测试仪器和正确的测试条件。同时，维修人员还需要具备一定的专业知识和经验，能够正确地解读测试结果，并准确地定位故障原因。

综上所述，对比法是一种简单、直观且实用的故障诊断方法。通过将有故障的设备和正常设备进行对比，可以快速定位故障的原因，提高设备的维修效率。在实际应用中，需要结合其他诊断方法和技术进行综合分析，以确保准确诊断和有效修复设备故障。

（九）在线测试法

在线测试法是一种在电子设备正常工作时对电路进行测试的方法。这种方法允许在不拆卸设备的情况下检测电路的工作状态和性能，因此具有很大的实用价值。在现代电子设备高度集成化的背景下，拆卸设备进行检测往往是不现实或成本高昂的，因此在线测试法得到了广泛应用。

在线测试法的基本原理是在电子设备正常工作时，通过测量电路中关键点的电压、电流等参数，与正常值进行比较，从而判断电路是否正常工作。关键点的选择至关重要，通常会选择那些对电路性能有显著影响的节点。通过测量这些节点的参数，可以间接地评估整个电路的工作状态。

在进行在线测试时，需要使用专门的测试仪器，如万用表、示波器等。这些仪器能够精确测量电路中的电压、电流、波形等参数，并将测量结果与预期值进行比较。如果测量结果与预期值一致，则说明电路正常工作；如果有任何异常，则可能存在故障。

在线测试法的优点在于其非破坏性和高效性。由于不需要拆卸设备，因此不会对设备造成进一步的损坏或引入新的故障。此外，通过测量关键点的参数，可以快速定位故障的位置和性质，从而提高维修效率。

然而，在线测试法也存在一些局限性。首先，这种方法依赖于关键点的选择和测试点的数量。如果关键点选择不当或测试点不足，可能会遗漏某些故障或误判正常的电路。其次，对于一些隐蔽的故障或复杂的电路，可能难以通过简单的参数测量来确定故障原因。在这种情况下，可能需要结合其他诊断方法和技术进行深入分析。

为了提高在线测试法的准确性和可靠性，需要选择合适的测试仪器和正确的测试方法。同时，维修人员还需要具备一定的专业知识和经验，能够正确地解读测试结果并准确地定位故障原因。

此外，在线测试法还需要注意防止对正常电路的干扰。在测试过程中，任何对电路的干扰都可能导致测量结果的偏差，从而影响故障诊断的准确性。因此，在进行在线测试时，需要采取适当的措施来减小干扰，如使用合适的测试仪器、选择正确的测试点等。

综上所述，在线测试法是一种高效、实用的故障诊断方法。通过在电子设备正常工作时对电路进行测试，可以快速定位故障的位置和性质，提高设备的维修效率。在实际应用中，需要结合其他诊断方法和技术进行综合分析，以确保准确诊断和有效修复设备故障。同时，还需要注意防止对正常电路的干扰，并确保测量结果的准确性和可靠性。

以上这些方法各有特点，在实际诊断过程中通常会结合使用多种方法以提高诊断的准确性和效率。例如，可以先使用直接观察法和听诊器法进行初步检查，然后根据情况选择参数测量法、替换法等进行深入诊断。对于复杂的电子电路系统，可能需要借助专业的诊断设备和软件来进行全面检测和定位故障。

电子电路故障诊断不仅需要丰富的实践经验和理论知识，还需要不断学习和掌握新的技术和工具。随着技术的不断发展，未来还将出现更多先进的故障诊断方法和技术，为电子设备的维修和维护提供更加便捷和高效的支持。

第二节 电子元器件的基本原理和特性

一、电阻器的工作原理和特性

电阻器,通常简称为电阻,是电子电路中最常用的一种元件。它的主要功能是限制电流的流动,从而在电路中起到关键的作用。电阻器的工作原理和特性对于理解其在电路中的作用和性能至关重要。

(一)电阻器的工作原理

电阻器的基本工作原理基于导体电阻的物理性质。当电流通过导体时,会受到一定的阻力,这个阻力就是电阻。导体电阻的大小取决于导体的材料、长度和截面积。电阻的数学公式为 $R=\rho L/S$,其中 R 表示电阻,ρ 是材料的电阻率,L 是导体的长度,S 是导体的截面积。

电阻器通常是由一种称为电阻合金的特殊材料制成,这种材料具有高电阻率和良好的热稳定性。当电流通过电阻器时,电能被转换为热能,从而使电阻器发热。

(二)电阻器的特性

(1)阻值范围:电阻器的阻值范围广泛,从小于 1 欧姆到数千兆欧姆不等。阻值通常以欧姆(Ω)为单位,但也有其他单位如千欧($k\Omega$)、兆欧($M\Omega$)等。

(2)精度:电阻器的阻值精度也很重要,它决定了电阻值的误差范围。精度等级通常以字母表示,如±5%、±1%、±0.5%等。精度等级越低,电阻值的误差范围越小。

(3)温度系数:温度系数表示电阻值随温度变化的程度。温度系数越低,电阻值对温度的变化越不敏感。

(4)额定功率:额定功率是指电阻器在正常工作条件下所能承受的最大功率。超过额定功率可能会导致电阻器过热、损坏或稳定性下降。

(5)稳定性:稳定性是指电阻器的阻值随时间、温度、电压等因素变化的情况。稳定性好的电阻器在长期使用或恶劣环境下仍能保持稳定的阻值。

(6)噪声:某些电阻器在工作中可能会产生噪声,这通常是由于材料或制造工艺引起的。低噪声电阻器对于需要高精度测量和低噪声应用的电路尤为重要。

（7）可靠性：可靠性是指电阻器在正常工作条件下能够无故障运行的时间长度。高质量的材料和制造工艺有助于提高电阻器的可靠性。

（8）非线性：理想情况下，电阻器的阻值应该是线性的，即电流和电压成正比关系。但实际上，一些电阻器可能会表现出非线性行为，这意味着它们的阻值随电压或电流的变化而变化。非线性电阻在某些应用中可能是有用的，但在其他应用中可能会导致问题。

（9）电压系数：电压系数表示电阻值随施加电压的变化程度。一些电阻器在施加电压时其阻值可能会发生变化，这对于需要精确控制电压的应用来说是一个重要考虑因素。

（10）频率响应：频率响应描述了电阻器在不同频率下的表现。一些电阻器在高频下可能会有不同的阻值或表现出不同的特性。了解频率响应对于设计特定频率范围的电路很重要。

（11）机械性能：机械性能包括电阻器的尺寸、形状、机械强度等特性。这些特性决定了电阻器在电路板上的布局、安装和可靠性。

（12）环境适应性：一些特殊用途的电阻器需要在恶劣的环境条件下工作，如高温、低温、高湿、强辐射等环境。这些环境下的性能表现是选择电阻器的重要考虑因素。

除了上述特性，根据不同的应用需求，还有许多其他特性和参数需要考虑，如磁性、化学稳定性、生物相容性等。选择适合特定应用需求的电阻器需要考虑多种因素的综合影响。

总的来说，电阻器的工作原理和特性是多样化的，需要根据具体的应用需求进行选择和使用。了解和掌握这些原理和特性有助于更好地设计、使用和维护电子电路系统。随着科技的不断发展，新型的电阻器和具有特殊性能的电阻器也不断涌现，为电子工程领域提供了更多的选择和可能性。

二、电容器的工作原理和特性

电容器是电子电路中不可或缺的元件之一，其工作原理和特性对于理解其在电路中的作用和性能至关重要。下文将详细介绍电容器的工作原理和特性。

（一）电容器的工作原理

电容器的基本工作原理基于电荷的存储和释放。当电容器被充电时，电荷会累积在电容器的两个电极之间，形成电场。而当电容器放电时，电荷会从电极中释放出来，形成电流。

电容器的基本单位是法拉（F），表示电容器能够存储的电荷量。其他常用的单位还有微法（μF）、皮法（pF）等。

（二）电容器的种类

（1）铝电解电容器：由铝圆筒做负极，里面装有液体电解质，插入一片弯曲的铝带做正极制成。此类电容器通常用于滤波电路。

（2）钽、铌电解电容器：使用钽或铌做阳极，浸渍的电解质为阴极，特点是容量大、漏电流小、耐压高等。

（3）陶瓷电容器：又称为瓷介电容器，其介质为陶瓷材料，特点是绝缘性能好、稳定性高、容量大。

（4）薄膜电容器：薄膜材料为介质，特点是容量较大、绝缘性能好、耐高温。

（5）纸介电容器：由两片金属箔做电极，夹在极薄的纸中做介质制成。特点是容量大、耐压高，但绝缘性能差。

（6）油浸纸介电容器：将纸介电容器的电极浸渍在油中制成，特点是容量大、耐压高、绝缘性能好。

（7）云母电容器：以云母作为介质，特点是绝缘性能好、稳定性高、容量大。

此外，还有许多其他类型的电容器，如可变电容器、穿心电容器等，适用于不同的应用场景。

（三）电容器的特性

（1）电容值：表示电容器存储电荷的能力，单位是法拉（F）。电容值的大小取决于电极的面积、间距和介质材料。

（2）耐压：表示电容器能够承受的最大电压。使用时，应确保施加的电压不超过电容器的耐压值，以避免损坏或爆炸等安全问题。

（3）温度系数：表示电容器容量随温度变化的程度。理想的电容器应具有低温度系数，以确保其容量在不同温度下保持稳定。

（4）绝缘电阻：表示电容器电极之间的电阻值。理想情况下，电容器的绝缘电阻应为无穷大，但在实际应用中，其值通常很高但仍有限。

（5）频率响应：表示电容器在不同频率下的表现。一些电容器在高频下可能会有不同的特性或表现出较大的损耗。了解频率响应对于设计特定频率范围的电路很重要。

（6）损耗角正切值：表示电容器在交流电路中的能量损耗程度。损耗角正切值越小，说明电容器的损耗越小，效率越高。

（7）寿命与可靠性：表示电容器在正常工作条件下的寿命和可靠性。高质量的电容器应具有较长的寿命和较高的可靠性，以确保其在长期使用中保持稳定的性能。

（8）自愈性：某些类型的电容器具有自愈性，这意味着当介质出现小范围缺陷时，它可以自行修复，保持电气性能的稳定性。

（9）机械强度与稳定性：表示电容器在受到机械应力时的性能表现。良好的机械强度和稳定性有助于确保电容器的可靠性和稳定性。

（10）环境适应性：表示电容器在不同环境条件下的性能表现。例如，某些类型的电容器可以在高温或低温环境下工作，而其他类型的电容器可能对湿度或辐射敏感。了解电容器的环境适应性对于其在特定环境中的应用非常重要。

（11）体积与重量：表示电容器的物理尺寸和重量。在电子设备中，体积和重量是一个重要的考虑因素，特别是在便携式设备和航空航天应用中。轻量级和高密度的电容器是这些领域的理想选择。

（12）温度特性：表示电容器在不同温度下的性能表现。一些电容器在高温下可能会表现出容量减小或性能降低的趋势，而其他类型的电容器可能具有较好的温度稳定性。了解温度特性有助于在各种工作条件下优化电容器的性能。

（13）频率特性：表示电容器在不同频率下的表现。某些类型的电容器可能更适合用于高频电路或低频电路，这取决于其频率特性和电气性能参数。了解频率特性对于电路设计的选择和应用至关重要。

（14）材料特性与兼容性：表示电容器材料与周围元件或系统的兼容性。在选择电容器时，应考虑其材料特性，以确保与电路中其他元件的兼容性和稳定性。

（15）制造成本与可获得性：表示电容器的制造成本和在市场上可获得的程度。在某些应用中，可能需要特殊类型的电容器，这可能涉及更高的制造成本和更难获得。了解制造成本和可获得性有助于在设计和采购过程中进行成本分析和选择合适的电容器。

综上所述，电容器的工作原理和特性是多种多样的，这使得它们在各种电路和系统中具有广泛的应用。了解电容器的工作原理和特性对于正确选择、使用和维护电容器至关重要，以确保其在电路中的性能和可靠性。

三、电感器的工作原理和特性

电感器是电子电路中常用的元件之一，它由绕有线圈的铁芯或磁芯制成。电感器的工作原理是基于法拉第电磁感应定律和楞次定律，通过储存磁场能量来呈现感抗。电感器的特性包括感抗、电感量、品质因数等，这些特性决定了其在不同电路中的应用和性能。

（一）电感器的工作原理

电感器的工作原理是基于法拉第电磁感应定律和楞次定律。当交流电流通过线圈时，线圈周围会产生磁场，磁场能量的储存导致线圈本身具有电感。这种电感会阻碍线圈中电流的变化，表现为感抗。感抗的大小与电感量有关，而电感量则与线圈的匝数、材料、直径、绕线方式以及磁芯的结构和材料有关。

（二）电感器的特性

1.感抗

电感器的感抗（Xl）与交流电流的频率（f）和电感量（L）之间有关系，其计算公式为：$Xl=2\pi fL$。这表明，随着频率的增加，感抗也相应增加，而随着电感量的增加，感抗也相应增加。因此，电感器通常用于滤除高频噪声或高频信号，或在高频电路中起到阻碍电流变化的作用。

2.电感量

电感量是描述电感器储存磁场能量能力的参数，其表示电感器对交流电流的阻碍程度。电感量的单位是亨利（H），常用的单位还有毫亨（mH）和微亨（uH）。电感量的大小与线圈的匝数、材料、直径、绕线方式以及磁芯的结构和材料有关。在实际应用中，需要根据电路的需求选择合适的电感量。

3.品质因数

品质因数（Q）是描述电感器性能优劣的参数，其计算公式为：$Q=\omega L/R$。其中，ω是角频率，L是电感量，R是线圈的电阻。品质因数越高，表示电感器的性能越好。品质因数的大小与线圈的材料、直径、绕线方式以及磁芯的结构和材料有关。在实际应用中，需要根据电路的需求选择合适的品质因数。

4.温度系数

温度系数（TCR）是描述电感器温度变化对性能影响的参数，其计算公式为：$TCR=(\Delta L/L)/\Delta T$。其中，$\Delta L$是温度变化引起的电感量变化，$\Delta T$是温度变化量。温度系数的大小与线圈的材料、绕线方式以及磁芯的材料有关。在实际应用中，需要根据电路的需求选择合适的温度系数。

5.分布电容

分布电容是描述电感器线圈之间和线圈与磁芯之间电容大小的参数。分布电容的存在会影响电感器的性能，特别是对于高频电路。在实际应用中，需要根据电路的需求选择合适的分布电容。

（三）电感器的应用

（1）滤波器：利用电感器的感抗特性，可以组成低通滤波器、高通滤波器和带通滤波器等，用于滤除不同频率的噪声或信号。

（2）储能：利用电感器的磁场能量储存特性，可以将电能转化为磁场能储存起来，需要时再释放出来。

（3）延迟：利用电感器的感抗特性，可以起到延迟信号的作用，常用于信号处理和定时电路中。

（4）匹配网络：利用电感器的特性，可以组成匹配网络，用于阻抗匹配和信号传输。

（5）传感器：利用电感器的磁场变化特性，可以制成各种传感器，用于测量位移、速度、加速度等物理量。

综上所述，电感器的工作原理基于法拉第电磁感应定律和楞次定律，其特性包括感抗、电感量、品质因数等。在实际应用中，需要根据电路的需求选择合适的电感器，以实现良好的性能和稳定性。

第三节　故障模式和故障分类

一、常见故障模式

在电子电路中，故障是不可避免的。了解常见的故障模式有助于快速诊断问题，提高维修效率。下文将详细介绍电子电路中常见的故障模式，包括开路、短路、电阻故障、电容故障、电感故障、二极管故障、晶体管故障等。

（一）开路

开路是指电路中存在断路，可能是由于焊接不良、连线断裂、插头脱落、开关接触不良等原因引起的。开路会导致电流无法流通，电路无法正常工作。

（二）短路

短路是指电路中不应该导通的电流通过了，可能是由于连线错误、元件损坏、灰尘或金属颗粒等导电物质进入电路等原因引起的。短路会导致电流过大，产生大量的热量，可能烧毁元件或电路板。

（三）电阻故障

电阻故障通常表现为电阻值变化或电阻开路。可能是由于电阻器老化、温度变化、机械振动等原因引起的。电阻故障会导致电路中的电压和电流异常，影响电路的正常工作。

（四）电容故障

电容故障通常表现为容量减小或开路。可能是由于电容器老化、温度变化、电压过高或电流过大等原因引起的。电容故障会影响电路的滤波和耦合性能，导致信号失真或电路无法正常工作。

（五）电感故障

电感故障通常表现为电感量减小或开路。可能是由于线圈老化、磁芯脱落或损坏等原因引起的。电感故障会影响电路的滤波和振荡性能，导致信号失真或电路无法正常工作。

（六）二极管故障

二极管故障通常表现为正向电阻增大或反向电阻减小。可能是由于二极管老化、正向电流过大、反向电压过高或过热等原因引起的。二极管故障会导致电路性能下降或无法正常工作。

（七）晶体管故障

晶体管故障通常表现为饱和或截止状态异常。可能是由于晶体管老化、电压过高或过热等原因引起的。晶体管故障会导致电路性能下降或无法正常工作。

（八）集成电路故障

集成电路故障通常表现为内部元件损坏或参数漂移。可能是由于使用环境恶劣、电压过高或过热等原因引起的。集成电路故障会导致电路性能下降或无法正常工作。

（九）电源故障

电源故障通常表现为电压或电流异常。可能是由于电源老化、负载过重或输入电压不稳定等原因引起的。电源故障会导致电路性能下降或无法正常工作。

（十）接地故障

接地故障通常表现为接地不良或接地电阻过大。可能是由于接地线断裂、接触不良或接地不良等原因引起的。接地故障会导致电路性能下降或无法正常工作。

电子电路中的故障模式多种多样，每种故障模式都有其特点和原因。为了快速诊断和解决故障，需要了解各种常见故障模式的表现形式和可能的原因，并采取相应的措施进行修复和预防。同时，定期进行维护和检查也是保证电子电路稳定运行的重要措施之一。

二、故障分类的方法

电子电路的故障分类是故障诊断中的重要环节，有助于对故障进行系统化、规范化的管理。下文将详细介绍电子电路故障分类的方法，包括按故障性质分类、按故障影响范围分类、按故障发生时间分类和按故障发生模式分类等。

（一）按故障性质分类

（1）短暂性故障：这类故障通常是一次性的，如电源电压波动、机械振动等引起的临时性问题。这类故障通常不会对电子设备造成长期影响，但可能会影响设备的正常运行。

（2）永久性故障：这类故障通常由某些长期因素引起，如元件老化、元件损坏、连线断裂等。这类故障一旦发生，需要修复或更换相应的元件才能解决。

（3）潜在性故障：这类故障通常难以直接发现，需要通过一定的检测手段才能发现。如某些元件参数的微小变化、接触不良等。这类故障如果不及时发现和处理，可能会发展成为永久性故障。

（二）按故障影响范围分类

（1）局部性故障：这类故障只影响电路的某一部分功能，而不会对整个电路造成影响。如某个元件损坏、某个连线断裂等。这类故障通常比较容易定位和修复。

（2）系统性故障：这类故障会影响整个电路的正常工作，如电源故障、接地故障等。这类故障通常需要全面检查和诊断，才能找到问题的根源。

（三）按故障发生时间分类

（1）早发性故障：这类故障通常发生在设备使用的初期，主要是由于设计、制造、运输等环节的问题引起的。这类故障通常在设备投入使用后不久就会出现。

（2）突发性故障：这类故障通常是由某些突发因素引起的，如过载、过压、短路等。这类故障发生时，设备可能会立即出现异常或损坏。

（3）渐进性故障：这类故障通常是由某些缓慢变化的因素引起的，如元件老化、接触不良等。这类故障通常会在设备使用一段时间后出现，并且随着时间的推移，故障会逐渐加重。

（4）随机性故障：这类故障通常是不可预测的，如电源波动、机械振动等引起的临时性问题。这类故障发生的时间和地点都具有随机性,难以预测和预防。

（四）按故障发生模式分类

（1）功能型故障：这类故障会影响电路的正常功能,如开路、短路等。这类故障通常会影响电路的工作状态和输出结果。

（2）参数型故障：这类故障通常是由于元件参数发生变化引起的,如电阻值变化、电容容量减小等。这类故障会影响电路的性能和稳定性。

（3）硬件型故障：这类故障通常是由硬件问题引起的,如元件损坏、连线断裂等。这类故障需要修复或更换相应的硬件才能解决。

（4）软件型故障：这类故障通常是由软件问题引起的,如程序错误、数据丢失等。这类故障需要修复或重新安装软件才能解决。

电子电路的故障分类是提高维修效率的重要手段之一。通过合理的分类方法,可以对故障进行系统化、规范化的管理,有助于快速定位和修复问题。在实际应用中,应该根据具体情况选择合适的分类方法,并结合多种方法进行综合分析,以便更好地解决电子电路中的问题。同时,加强设备的日常维护和保养也是预防故障发生的重要措施之一。

第二章 故障检测工具与设备

第一节 常用的仪器设备介绍

一、万用表

在电子电路的故障诊断和维修中,万用表是一种非常常用且高效的工具。下文将详细介绍万用表的工作原理、功能和使用方法,以便更好地理解和应用这一重要的仪器设备。

(一)万用表的工作原理

万用表是一种多功能的测量仪器,可以用来测量电流、电压、电阻等电学参数。其工作原理基于磁电转换技术,通过测量微弱的磁力变化来反映电学量的大小。万用表内部通常包含一个测量机构和转换机构,测量机构负责测量电学量,转换机构则将测量的结果转换为可读的形式。

(二)万用表的功能

(1)测量电流:万用表可以测量直流电流和交流电流。在测量时,需要将万用表的电流挡位与被测电路串联,注意电流的方向和极性。

(2)测量电压:万用表可以测量直流电压和交流电压。在测量时,需要将万用表的电压挡位与被测电路并联,注意电压的极性和参考点。

(3)测量电阻:万用表内置电阻挡位,可以测量电阻的阻值。在测量时,需要将被测电阻与万用表的红黑表笔相连,根据测量的结果选择合适的量程和刻度。

(4)检测电路:万用表可以用来检测电路的通断和短路情况。在检测时,可以将万用表的两个表笔分别接在电路的两端,观察是否有导通现象。

(5)测量电容:万用表通常配备电容挡位,可以测量电容的容量。在测量时，需要将被测电容与万用表的两个表笔相连，根据测量的结果选择合适的量程和刻度。

（三）万用表的使用方法

（1）选择合适的量程：在使用万用表之前，需要根据被测电学参数的大小选择合适的量程。如果被测电学参数的值超出了所选量程的范围，可能会导致万用表的损坏或测量结果的失真。

（2）正确连接表笔：在使用万用表时，需要将被测电路或元件与万用表的两个表笔正确连接。对于电压、电流的测量，需要注意极性和参考点；对于电阻的测量，需要注意颜色和数值的对应关系。

（3）注意安全：在使用万用表时，需要注意安全。对于高电压或大电流的测量，需要断开电源或使用适当的隔离措施，以避免对设备和人员造成伤害。

（4）读取测量结果：在使用万用表时，需要读取测量结果并记录下来。需要根据所选量程和刻度确定测量结果的单位和精度，确保测量的准确性。

（5）正确清洁和维护：在使用万用表时，需要注意清洁和维护。需要定期清洁表笔和表面，保持干燥和整洁。在使用过程中如出现异常或故障，应及时联系专业人员进行检修或维护。

（四）使用万用表的注意事项

（1）避免在潮湿、高温或磁场环境下使用万用表，这些环境因素可能会影响测量的准确性。

（2）在测量高电压或大电流时，需要特别小心，避免对设备和人员造成伤害。

（3）在使用万用表之前，需要了解被测电路或元件的相关参数和规格，避免因超量程使用导致设备损坏或人员伤亡。

（4）在使用万用表时，需要注意保护皮肤和衣物，避免因接触电学参数导致触电或烧伤。

（5）在使用过程中如出现异常或故障，应及时停止使用并联系专业人员进行检修或维护。

万用表是电子电路维修中不可或缺的工具之一。通过了解其工作原理、功能和使用方法，可以更好地应用这一工具进行故障诊断和维修工作。在使用过程中，需要注意安全和准确性的问题，遵循相应的操作规范和注意事项。同时，加强日常的清洁和维护也是保证万用表性能和使用寿命的重要措施之一。

二、示波器

示波器是电子电路中常用的仪器设备之一，主要用于观测、分析和调试电子信号。通过示波器，工程师可以直观地观察信号的波形、幅度、频率等参数，以便更好地理解电路的工作原理和性能。下文将详细介绍示波器的基本原理、分类和使用方法。

（一）示波器的基本原理

示波器主要由垂直通道和水平通道两部分组成。垂直通道负责接收输入信号，并将其放大后送入显示屏的垂直方向；水平通道则控制扫描信号的生成，控制显示屏的水平方向。当输入信号通过垂直通道送入显示屏时，水平通道生成的扫描信号会不断移动波形，最终在显示屏上形成完整的波形图像。

示波器的基本原理可以总结为：通过控制扫描信号的频率和幅度，将输入信号的频率和幅度信息以图像的形式在显示屏上展示出来。因此，示波器的性能和精度直接影响着测量结果的准确性和可靠性。

（二）示波器的分类

根据不同的分类标准，示波器可以分为多种类型。以下是常见的分类方式。

（1）按带宽分类：示波器可以分为宽带、中频和低频三种类型。宽带示波器通常用于高频信号的测量，而低频示波器则适用于低频信号的测量。

（2）按通道数分类：示波器可以分为单通道和多通道两种类型。单通道示波器只能接收一个信号，而多通道示波器可以同时接收多个信号，便于比较和调试。

（3）按触发方式分类：示波器可以分为模拟触发和数字触发两种类型。模拟触发示波器采用模拟电路实现触发功能，而数字触发示波器则采用数字电路实现触发功能，具有更高的稳定性和可靠性。

（4）按存储方式分类：示波器可以分为实时存储和记忆存储两种类型。实时存储示波器能够实时显示信号波形，而记忆存储示波器则可以将信号波形存储在内部存储器中，便于后续分析和处理。

（三）示波器的使用方法

（1）探头选择与连接：根据测量的信号类型和幅度，选择合适的探头（如X轴探头、Y轴探头等）与示波器连接。注意探头的接地线应尽量短，避免引入不必要的干扰。

（2）校准与调整：在使用示波器之前，需要对示波器进行校准和调整，以确保测量结果的准确性和可靠性。校准通常包括对示波器的垂直增益、水平扫描速度、垂直偏置等进行调整，以确保测量的准确性。

（3）信号捕获与调节：将待测信号接入示波器的输入端，调整垂直增益和垂直偏置旋钮，使波形在显示屏上合适的位置显示出来。同时，根据需要调节水平扫描速度，以观察不同周期的信号波形。

（4）测量参数计算与分析：根据观察到的波形图像，可以测量出信号的幅度、频率、相位差等参数。根据需要，可以使用示波器的数学函数功能（如FFT变换等），对信号进行进一步的分析和处理。

（5）存储与输出：若需要将测量结果进行长期保存或与其他人共享，可以将波形图像或测量数据存储到计算机或其他存储介质中，或者通过打印机等设备输出。

示波器作为电子电路中常用的仪器设备之一，具有非常重要的作用。通过了解示波器的基本原理、分类和使用方法，工程师可以更加准确地观测和分析电子信号的波形、幅度、频率等参数，为电子电路的设计、调试和优化提供有力的支持。在实际应用中，需要根据具体需求选择合适的示波器类型和配置，并熟练掌握使用技巧和方法，以确保测量结果的准确性和可靠性。

三、频谱分析仪

频谱分析仪是电子电路中常用的测试仪器之一，主要用于测量信号的频谱成分和频率特性。通过频谱分析仪，工程师可以快速准确地了解信号在不同频率下的幅度、相位等信息，以便更好地评估和优化电路的性能。下文将详细介绍频谱分析仪的基本原理、分类和使用方法。

（一）频谱分析仪的基本原理

频谱分析仪的核心原理是傅里叶变换。当信号通过傅里叶变换器时，它会将信号分解成不同频率的正弦波分量。这些分量在幅度和相位上都有所不同，从而形成信号的频谱。频谱分析仪通过测量这些分量的幅度和相位，可以分析出信号在不同频率下的特性。

在实际应用中，频谱分析仪通常采用快速傅里叶变换（FFT）技术，以提高测量速度和精度。同时，为了更好地显示和分析信号的频谱，频谱分析仪还具有多种分辨率、扫描速度和动态范围的调节功能。

（二）频谱分析仪的分类

根据不同的分类标准，频谱分析仪可以分为多种类型。以下是常见的分类方式。

（1）按工作原理分类：频谱分析仪可以分为超外差式和直接数字式两种类型。超外差式频谱分析仪采用模拟电路实现信号处理，具有较高的灵敏度和分辨率；直接数字式频谱分析仪采用数字信号处理技术实现信号处理，具有较高的测量速度和精度。

（2）按频率范围分类：频谱分析仪可以分为宽带、中频和窄带三种类型。宽带频谱分析仪适用于测量宽频率范围内的信号，而窄带频谱分析仪则适用于测量特定频率范围内的信号。

（3）按显示方式分类：频谱分析仪可以分为模拟显示和数字显示两种类型。模拟显示频谱分析仪采用模拟指针或图形显示信号的频谱，而数字显示频谱分析仪则采用数字方式显示信号的频谱。

（三）频谱分析仪的使用方法

（1）连接信号源：将待测信号源接入频谱分析仪的输入端，确保连接可靠稳定。根据需要，可以使用适当的信号线或适配器进行连接。

（2）校准仪器：在进行测量之前，需要对频谱分析仪进行校准，以确保测量结果的准确性和可靠性。校准通常包括对幅度、频率和相位等参数的调整和校准。

(3)选择合适的分辨率带宽：分辨率带宽是影响频谱分析仪测量精度的重要参数。根据待测信号的性质和频率范围，选择合适的分辨率带宽，以提高测量精度和降低噪声干扰。

(4)开始测量：按下频谱分析仪的开始按钮，开始进行信号的频谱测量。在测量过程中，可以观察到不同频率分量的幅度和相位信息。根据需要，可以使用频谱分析仪的各种功能（如峰值检测、跟踪扫描等）进行深入的分析和处理。

(5)数据分析与输出：根据测量的结果，可以进一步进行数据分析与处理（如计算频率响应、进行滤波等）。最后，可以将测量数据或波形图像输出到计算机、打印机等设备，便于进一步的分析、存储和共享。

（四）注意事项

(1)信号源稳定性：在进行频谱测量时，要确保信号源的稳定性，避免由于信号源的波动对测量结果造成影响。

(2)抗干扰措施：在复杂电磁环境下进行频谱测量时，应采取有效的抗干扰措施（如加装滤波器、远离干扰源等），以减小外部干扰对测量结果的影响。

(3)多参数综合评估：频谱分析仪的测量结果受多个因素影响（如分辨率带宽、扫描速度等），因此需要对多个参数进行综合评估，以获得准确的测量结果。

(4)操作规范：在使用频谱分析仪时，应遵循操作规范，避免由于误操作对仪器造成损坏或影响测量结果的准确性。

频谱分析仪作为电子电路中常用的测试仪器之一，具有非常重要的作用。通过了解频谱分析仪的基本原理、分类和使用方法，工程师可以更加准确地了解信号在不同频率下的幅度、相位等信息，为电子电路的设计、调试和优化提供有力的支持。在实际应用中，需要根据具体需求选择合适的频谱分析仪类型和配置，并熟练掌握使用技巧和方法，以确保测量结果的准确性和可靠性。同时，还需要注意抗干扰措施的采取和操作规范的遵循，以保证测试的安全性和稳定性。

第二节 示波器的使用与调试

一、示波器的基本原理

示波器是电子测量和实验室中常用的工具，主要用于观测和测量电信号的波形。示波器的应用范围非常广泛，包括信号分析、故障排查、产品开发和生产测试等。示波器的基本原理基于电子学和波动理论，通过将电信号转换为可见的波形，帮助工程师更好地理解信号的特性和行为。下文将详细介绍示波器的基本原理、分类和使用方法。

（一）示波器的基本原理

示波器主要由显示部分和控制部分组成。显示部分通常是一个高速电子枪，它将电子束投射到屏幕上的一个网格上，形成一个荧光屏。控制部分负责调整电子枪的工作状态，从而控制电子束的强弱和位置。当示波器接收到输入信号时，该信号会通过一个衰减器调整幅度，然后通过一个垂直通道输送到电子枪。电子枪产生的电子束在垂直通道的磁场作用下偏转，形成与输入信号相对应的波形。这个波形在荧光屏上显示出来，供观察者分析。

（二）示波器的分类

根据不同的分类标准，示波器可以分为多种类型。以下是常见的分类方式。

（1）按用途分类：示波器可以分为模拟示波器和数字示波器。模拟示波器采用模拟电路实现信号处理和显示，而数字示波器则采用数字信号处理技术实现信号处理和显示。数字示波器具有更高的精度和稳定性，并且能够实现自动测量和数据分析。

（2）按通道分类：示波器可以分为单通道和多通道两种类型。单通道示波器只有一个输入通道，适用于测量单路信号；多通道示波器具有两个或更多输入通道，可以同时测量多个信号，便于比较和分析。

（3）按带宽分类：示波器可以分为宽带、中频和窄带三种类型。宽带示波器的带宽通常大于100MHz，适用于测量高速信号；中频示波器的带宽在10～30MHz之间，适用于测量中速信号；窄带示波器的带宽通常小于10MHz，适用于测量低速信号。

（4）按触发方式分类：示波器可以分为模拟触发和数字触发两种类型。模拟触发方式采用模拟电路实现触发控制，而数字触发方式则采用数字信号处理技术实现触发控制，具有更高的稳定性和灵活性。

（三）示波器的使用方法

（1）连接信号源：将待测信号源接入示波器的输入端，确保连接可靠稳定。根据需要，可以使用适当的信号线或适配器进行连接。

（2）校准仪器：在进行测量之前，需要对示波器进行校准，以确保测量结果的准确性和可靠性。校准通常包括对幅度、频率和相位等参数的调整和校准。

（3）选择合适的量程和触发方式：根据待测信号的性质和幅度大小，选择合适的量程和触发方式。量程的选择将影响显示的波形幅度大小，而触发方式的选择将影响波形显示的稳定性。

（4）进行测量：通过观察波形显示，可以了解信号的基本特征和参数。可以使用示波器的测量功能（如光标、测量线等），对波形进行定量测量和分析。根据需要，还可以使用示波器的其他功能（如滤波、数学运算等）对信号进行处理和分析。

（5）数据分析与输出：根据测量的结果，可以进一步进行数据分析与处理（如计算频率响应、进行频谱分析等）。最后，可以将测量数据或波形图像输出到计算机、打印机等设备，便于进一步的分析、存储和共享。

（四）注意事项

（1）避免过载：在使用示波器时，要避免输入信号过大导致示波器过载。过载会导致波形失真甚至损坏示波器。因此，在使用前应先了解待测信号的幅度和频率范围，选择合适的量程范围。

（2）抗干扰措施：在复杂电磁环境下进行测量时，应采取有效的抗干扰措施（如加装滤波器、远离干扰源等），以减小外部干扰对测量结果的影响。

（3）多参数综合评估：在分析波形时，应综合考虑多个参数（如幅度、频率、相位等），以获得准确的测量结果。同时，还需要注意不同参数之间的相互影响和关系。

(4)操作规范：在使用示波器时，应遵循操作规范，避免由于误操作对仪器造成损坏或影响测量结果的准确性。同时，还需要注意仪器的保养和维护，保持仪器清洁、干燥、无尘的状态。

二、示波器的使用方法

（一）准备阶段

在开始使用示波器之前，确保已经正确连接了示波器的电源，并打开示波器的电源开关。示波器通常会有一个或多个通道，每个通道都可以独立接收和显示信号。根据需要选择合适的通道，并根据信号的特性调整相应的参数，如幅度、频率、偏置等。

（二）校准示波器

在进行测量之前，需要对示波器进行校准。校准的目的是为了消除系统误差，提高测量精度。常见的校准方法包括使用标准信号源或已知信号进行校准，以及使用示波器自带的校准功能进行校准。校准完成后，可以开始进行测量。

（三）选择合适的触发方式和显示模式

触发方式决定了示波器如何捕获和显示波形。常见的触发方式包括自动触发、正常触发和单次触发等。根据需要选择合适的触发方式，以确保能够捕获到所需的波形。

同时，还需要选择合适的显示模式。常见的显示模式包括普通模式、峰值检测模式、平均模式等。根据信号特性和测量需求选择合适的显示模式，以获得更准确的测量结果。

（四）调整垂直和水平控制旋钮

调整垂直控制旋钮可以改变波形的幅度，调整水平控制旋钮可以改变波形的周期或时间。根据需要调整这两个旋钮，以获得合适比例的波形显示。

（五）进行测量和分析

使用示波器的测量功能可以对波形进行定量测量，如测量幅度、频率、周期等参数。根据需要使用不同的测量功能，并记录测量结果。同时，还可以使用示波器提供的数学运算功能对波形进行进一步处理和分析，如计算平均值、峰值等。

（六）数据导出和报告生成

完成测量后，可以将测量数据导出到计算机或其他存储设备中，以便进行进一步的数据处理和分析。同时，还可以使用示波器附带的软件或第三方软件生成测量报告，以便更好地呈现测量结果和结论。

（七）注意事项

（1）避免过载：当输入信号过大时，可能会导致示波器过载，从而影响测量结果。为了避免过载，应先了解待测信号的幅度和频率范围，选择合适的量程范围。同时，也要注意避免长时间连续高幅度输入信号对示波器造成损坏。

（2）抗干扰措施：在复杂电磁环境下进行测量时，应采取有效的抗干扰措施，如加装滤波器、远离干扰源等，以减小外部干扰对测量结果的影响。同时，也要注意接地和安全接地等措施，确保测量结果的准确性和可靠性。

（3）多参数综合评估：在分析波形时，应综合考虑多个参数，如幅度、频率、相位等，以获得准确的测量结果。同时，还需要注意不同参数之间的相互影响和关系。例如，在分析频率响应时，应注意幅度和相位的变化；在分析脉冲信号时，应注意脉冲宽度和占空比的变化等。

（4）操作规范：在使用示波器时，应遵循操作规范，避免由于误操作对仪器造成损坏或影响测量结果的准确性。例如，不要在无信号输入的情况下长时间开启示波器；不要在超过示波器承受范围的情况下进行测量等。同时，还需要注意仪器的保养和维护，保持仪器清洁、干燥、无尘的状态。

（5）数据处理和分析：在进行数据处理和分析时，应注意数据的有效性和可靠性。例如，对于异常值或离群点需要进行处理或剔除；对于重复测量或平行试验需要进行数据处理和分析的可靠性评估等。同时，还需要注意数据的表示和解释的正确性。

三、示波器的调试和维护

（一）调试

（1）电源检查：检查电源是否稳定，电压是否符合要求。不稳定或过高的电压可能导致示波器内部电路工作异常，影响示波器的正常工作。

（2）连接检查：检查所有连接线是否牢固，特别是探头和信号源的连接。虚接或不良的连接可能导致信号的丢失或失真，影响测量结果。

（3）校准：根据使用情况选择合适的校准方法，如自动校准、基本校准等。校准可以有效消除示波器的系统误差，提高测量精度。

（4）参数设置：根据测量需求，正确设置示波器的参数，如幅度、频率、偏置等。这些参数的设置将直接影响示波器的测量结果，因此必须仔细核对和调整。

（5）触发方式：根据信号特性选择合适的触发方式，如自动触发、正常触发、单次触发等。合适的触发方式可以确保能够捕获到稳定的波形。

（6）显示模式：根据信号特性和测量需求选择合适的显示模式，如普通模式、峰值检测模式、平均模式等。合适的显示模式可以更好地呈现信号的特征，便于观察和分析。

（7）调整旋钮：根据需要调整垂直和水平控制旋钮，以获得合适比例的波形显示。同时，也要注意调整亮度和对比度旋钮，以获得清晰的波形图像。

（二）维护

（1）清洁：定期清洁示波器的外壳和面板，保持清洁干燥，避免灰尘和污垢对示波器造成损害。

（2）防潮：保持示波器的工作环境干燥，避免长时间处于潮湿环境，以免对示波器的电路造成损害。

（3）防震：避免剧烈震动或撞击示波器，以免影响其正常工作或损坏内部电路。

（4）定期校准：定期对示波器进行校准，以保持其测量精度和使用性能。根据实际情况和示波器的使用频率，可以选择每月或每季度进行一次校准。

（5）软件更新：及时更新示波器的软件，以便获得最新的功能和修复潜在的错误。厂商通常会定期发布软件更新，以提高示波器的性能和稳定性。

（6）探头保养：示波器的探头是易损件之一，需要定期检查和维护。保持探头的清洁，避免使用不合适的探头对示波器造成损坏。如有损坏，应及时更换。

（7）存储：长时间不使用示波器时，应将其存放在干燥、通风的地方，并保持适宜的温度和湿度。同时，应定期通电以保持其良好状态。

（8）专业维护：如遇到自己无法解决的问题，应及时联系专业人员进行维修和维护。不要自行拆解示波器，以免造成进一步的损坏。

总之，正确的调试和维护是保证示波器正常工作和延长其使用寿命的关键。使用者应充分了解示波器的性能和使用方法，遵循操作规范和维护要求，确保示波器始终处于良好的工作状态。同时，对于常见问题和故障排除也应有所了解，以便在出现问题时能够迅速应对和解决。通过以上措施的实施，可以有效地提高示波器的使用效率和测量精度，为电子工程师和相关领域的技术人员提供更好的测试测量解决方案。

第三节　多用途测试仪器的应用

一、多用途测试仪器的基本原理

多用途测试仪器是一种广泛应用于各种工程和科学领域的设备，它可以对各种参数进行测量和测试，如电压、电流、电阻、电容、电感、频率、温度等。这些仪器通过精密的电路和算法，能够实现对各种信号的快速、准确和可靠的分析和测量。下文将重点介绍多用途测试仪器的基本原理。

（一）基本原理

1.信号调理

多用途测试仪器首先要对输入的信号进行调理，即对信号进行适当的处理，以便于后续的测量和分析。信号调理主要包括放大、衰减、滤波、隔离等操作，目的是将信号调整到合适的幅度和频率范围，同时消除噪声和干扰。

2.采样与量化

采样是把连续时间信号转换为离散时间信号的过程。量化是把连续取值（模拟量）的模拟信号转换为离散取值（数字量）的数字信号。在多用途测试仪器中，通过对信号进行采样和量化，可以将模拟信号转换为数字信号，便于后续的数字信号处理和计算。

3.数字信号处理

数字信号处理是多用途测试仪器中的核心技术之一。通过对采样和量化后的数字信号进行各种算法处理，如滤波、频谱分析、相关运算等，可以提取出信号的各种特征参数，如频率、幅值、相位等。数字信号处理具有精度高、稳定性好、抗干扰能力强等优点。

4.人机交互

多用途测试仪器通常具有友好的人机交互界面，以便用户进行操作和设置。人机交互界面可以显示测量结果、设置仪器参数、控制仪器工作状态等。一些高级的多用途测试仪器还支持自动化测试和远程控制，可以通过网络与其他设备进行通信和控制。

5.系统集成与优化

多用途测试仪器通常集成了多个模块和功能，如数据采集、信号处理、结果显示等。为了提高仪器的性能和稳定性，需要进行系统集成与优化。系统集成与优化包括硬件电路设计、软件算法优化、系统调试与校准等方面。通过对系统进行集成与优化，可以确保多用途测试仪器在各种应用场景下都能够稳定、可靠地工作。

（二）应用与发展趋势

多用途测试仪器在各个领域都有着广泛的应用，如电子工程、通信工程、生物医学工程等。随着科技的不断发展，多用途测试仪器的应用范围还在不断扩大，同时对其性能要求也越来越高。未来，多用途测试仪器的发展趋势将主要体现在以下几个方面。

（1）高精度与高可靠性：随着电子和通信技术的发展，对多用途测试仪器的测量精度和可靠性要求越来越高。未来，多用途测试仪器将不断改进其测量算法和电路设计，以提高测量精度和稳定性。

（2）智能化与自动化：人工智能和自动化技术的不断发展为多用途测试仪器的智能化和自动化提供了新的可能。未来，多用途测试仪器将具备更强的自主学习和智能决策能力，能够自动完成复杂的测试任务，提高测试效率。

(3)云技术与物联网：随着云计算和物联网技术的快速发展，多用途测试仪器将能够实现远程控制和数据共享，提高测试数据的利用效率和可维护性。同时，通过与其他设备的互联互通，多用途测试仪器将能够更好地融入智能制造和智能电网等应用场景中。

(4)个性化与定制化：不同的应用场景对多用途测试仪器的需求各不相同。未来，多用途测试仪器将更加注重个性化与定制化设计，以满足不同用户的特殊需求。同时，用户可以根据自己的需要自行组合和配置多用途测试仪器的模块和功能，提高仪器的灵活性和可扩展性。

(5)绿色环保：随着环保意识的不断提高，多用途测试仪器在设计和生产过程中将更加注重绿色环保理念。未来，多用途测试仪器将采用更加环保的材料和技术，降低能耗和减少废弃物排放，为可持续发展做出贡献。

多用途测试仪器作为一种重要的工程和科学工具，在各个领域都有着广泛的应用和发展前景。了解多用途测试仪器的基本原理和应用场景有助于更好地选择和使用适合的仪器，提高测试效率和精度。同时，关注多用途测试仪器的发展趋势有助于了解行业动态和技术前沿，为未来的研究和应用提供有益的参考。

二、多用途测试仪器的应用范围

多用途测试仪器，由于其具备多种测量和分析功能，广泛应用于各种工程和科学领域。从电子工程、通信工程到生物医学工程，从汽车制造到航空航天，多用途测试仪器都发挥着不可或缺的作用。下文将详细探讨多用途测试仪器的应用范围，以展现其广泛的应用价值和深远的影响。

(一)多用途测试仪器的应用范围

(1)电子工程领域：在电子工程领域，多用途测试仪器被广泛应用于电路板检测、电子元器件性能测试、电源质量分析等方面。例如，电压、电流、电阻、电容、电感等基本电学参数的测量，以及数字信号的时域和频域分析。

(2)通信工程领域：在通信工程领域，多用途测试仪器主要用于信号的频谱分析、调制解调、误码率测试等。通信系统中的信号传输需要满足特定的技术指标，多用途测试仪器能够快速准确地检测这些技术参数。

（3）生物医学工程领域：在生物医学工程领域，多用途测试仪器主要用于医疗设备的检测和诊断。例如，心电图机、超声波诊断仪、脑电图仪等设备的输出信号需要进行精确测量和分析，以确保设备性能的正常和患者的安全。

（4）汽车制造领域：在汽车制造领域，多用途测试仪器被用于汽车电子控制单元（ECU）的测试、发动机性能分析、排放控制系统的检测等。汽车的复杂电子系统需要高精度的测试设备以确保车辆的安全性和可靠性。

（5）航空航天领域：在航空航天领域，多用途测试仪器用于飞机和航天器的各种参数测试，如压力、温度、振动等。航空航天设备的特殊要求需要高精度和高可靠性的测试设备来保证设备的正常运行和安全性。

（6）能源与环境监测领域：在能源与环境监测领域，多用途测试仪器用于电力系统的电能质量分析、风能发电设备的性能测试、环境参数的监测等。随着可再生能源和智能电网的发展，对多用途测试仪器的需求也在不断增加。

（7）制造业质量控制领域：在制造业中，多用途测试仪器用于生产线上的质量检测和控制。通过对产品进行各种参数的测量和检验，可以确保产品的质量和性能符合要求，提高生产效率和降低废品率。

（8）科学研究与教育领域：在科学研究与教育领域，多用途测试仪器为各种实验提供精确的数据支持。无论是物理、化学、生物等基础学科的实验，还是工程应用领域的实验研究，多用途测试仪器都能提供重要的测量和分析工具。

（9）物联网与智能家居领域：在物联网和智能家居领域，多用途测试仪器用于各种智能设备的互联互通和数据交换。通过将多用途测试仪器与智能家居系统相结合，可以实现家庭环境的智能化管理和控制，提高生活的便利性和舒适性。

（10）娱乐与休闲领域：在娱乐与休闲领域，多用途测试仪器也有着广泛的应用。例如，音频和视频设备的性能测试、游戏机的性能分析、运动器材的技术参数测量等，都可以通过多用途测试仪器来完成。

（二）总结与展望

多用途测试仪器的应用范围十分广泛，几乎涵盖了各个工程和科学领域。随着科技的不断进步和社会的发展，多用途测试仪器的应用前景将更加广阔。

未来，随着新技术的不断涌现和应用需求的不断增长，多用途测试仪器将面临更多的挑战和机遇。一方面，多用途测试仪器需要不断更新换代，提高测量精度、稳定性和智能化水平；另一方面，多用途测试仪器需要适应更广泛的应用场景和更复杂的环境条件，满足不同领域的需求。同时，随着物联网、云计算等技术的发展，多用途测试仪器将能够实现更高效的数据处理和远程控制，进一步提高应用的便捷性和灵活性。

在未来的发展中，多用途测试仪器行业需要加强技术创新和人才培养，推动行业的可持续发展。通过不断的技术创新和产品升级，多用途测试仪器将能够更好地服务于各个领域的发展需求，为科技进步和社会发展做出更大的贡献。同时，行业内的企业和机构也需要加强合作与交流，共同推动多用途测试仪器行业的进步和发展。

三、多用途测试仪器的使用注意事项

多用途测试仪器作为一种功能强大的检测工具，在使用过程中需要特别注意一些关键因素以确保其正常工作和准确测量。了解和遵循使用注意事项对于获得可靠的结果和保证测试仪器长期性能至关重要。下文将详细探讨多用途测试仪器的使用注意事项，帮助用户更好地理解和使用这类设备。

（一）使用注意事项

（1）操作前准备：在开始使用多用途测试仪器之前，确保已仔细阅读并理解了用户手册。了解仪器的功能、操作步骤和安全注意事项是非常必要的。此外，检查测试仪器是否已经校准，以及确保电池或电源已充满电。

（2）设置参数：在使用多用途测试仪器时，正确设置相关参数是关键。根据测试需求，正确选择量程、单位和测量模式。避免在参数设置不正确的情况下进行测量，这可能导致测量误差或损坏测试仪器。

（3）确保测试环境适宜：多用途测试仪器的测量精度可能会受到环境因素的影响。因此，确保测试环境满足要求是非常重要的。例如，温度、湿度、电磁干扰等环境因素应处于适宜范围。在某些应用中，可能需要采取额外的措施来减少环境干扰。

（4）定期校准和维护：为了保持多用途测试仪器的准确性和可靠性，应定期进行校准和维护。按照用户手册的建议，遵循校准和维护程序，以确保测量结果的准确性。同时，及时处理任何异常情况或故障，以避免影响测试结果。

（5）正确连接和断开测试设备：在使用多用途测试仪器时，应确保正确连接和断开测试设备。错误的连接可能导致设备损坏或测量误差。遵循用户手册中的连接指南，并使用正确的电缆和适配器进行连接。此外，在断开连接时，确保仪器和测试设备都已完全关闭或处于安全状态。

（6）防止过载和错误使用：过载或错误使用多用途测试仪器可能导致设备损坏或测量误差。在使用过程中，避免超出仪器的能力范围，例如过大的电流或电压。此外，避免在危险的情况下使用仪器，如对设备进行带电操作时应注意安全预防措施。

（7）存储与运输：在存储和运输多用途测试仪器时，应遵循用户手册中的建议和指导。确保仪器存放在干燥、无尘、无振动的环境中，避免高温或极端温度条件。在运输过程中，确保仪器固定好以避免碰撞或震动，同时遵循相关国家和地区的法规和规定。

（8）遵守安全规定：在使用多用途测试仪器时，应始终遵守相关的安全规定和准则。了解并遵循用户手册中的安全警告和建议，以及任何特定于应用的安全规定。避免在有潜在危险的环境中使用仪器，并采取适当的安全措施来保护自己和他人的安全。

（9）软件更新与升级：如果多用途测试仪器配备有软件或固件更新功能，建议定期检查并安装更新。软件更新通常包括性能改进、安全补丁和 bug 修复等，有助于提高仪器的稳定性和准确性。遵循用户手册中的指导进行软件更新和升级操作。

（10）建立良好的操作习惯：养成良好的操作习惯对于多用途测试仪器的长期性能和准确性至关重要。遵循正确的操作步骤、定期校准和维护、正确使用和存放等良好的操作习惯有助于延长仪器的使用寿命和提高测量精度。

（二）总结与展望

了解并遵循多用途测试仪器的使用注意事项对于获得准确可靠的测量结果

至关重要。通过仔细阅读和理解用户手册、正确设置参数、保持适宜的测试环境、定期校准和维护、正确连接和断开设备、防止过载和错误使用、妥善存储与运输、遵守安全规定、保持软件更新以及建立良好的操作习惯等措施，可以确保多用途测试仪器在各个领域的应用中发挥出最佳性能。

随着技术的不断进步和应用需求的不断变化，多用途测试仪器的使用注意事项也在不断发展和更新。因此，用户应持续关注最新的技术动态和应用需求，及时了解和学习新的注意事项和要求，以适应不断变化的应用场景和环境条件。同时，行业内的企业和机构也应加强技术研发和创新，推动多用途测试仪器的改进和完善，提高其性能、可靠性和安全性，为用户提供更好的产品和服务。

第三章 模拟电路故障诊断与维修

第一节 模拟电路的故障类型与表现

一、模拟电路的常见故障类型

（一）模拟电路故障类型

模拟电路的故障类型主要分为三大类：性能故障、固有故障和人为故障。

1. 性能故障

性能故障是指由于使用环境、使用时间过长或操作不当导致的电路性能下降或丧失。这类故障通常表现为电路参数偏离标称值、电路功能异常或性能下降。例如，放大器的增益下降或输出信号失真，滤波器的频率特性发生变化等。

2. 固有故障

固有故障是指由于设计、制造上的缺陷或材料本身的问题导致的故障。这类故障通常在电路制造过程中就已经存在，例如，制造过程中的缺陷、材料的不均匀性等。常见的固有故障包括开路、短路、电阻值不准确、电容漏电等。

3. 人为故障

人为故障是指由于人为因素导致的故障，例如，错误的连接、错误的操作、过载使用等。这类故障通常是由于使用者的疏忽或缺乏经验导致的。例如，电源接反、元件错接、负载过大等。

（二）模拟电路故障检测方法

对于模拟电路的故障检测，常用的方法有直接观察法、参数测量法、信号注入法、替代法等。

1. 直接观察法

直接观察法是通过观察电路外观和工作环境，检查是否有明显的损坏或异常现象。例如，检查电路板是否有烧焦、变色、裂纹等现象，元器件是否松动、脱落或损坏等。

2.参数测量法

参数测量法是通过测量电路中关键元件的参数值，与正常值进行比较，判断是否存在故障。例如，使用万用表测量电阻、电容、电感等元件的值，检查是否符合要求。

3.信号注入法

信号注入法是在电路的输入端注入测试信号，通过观察输出信号是否正常来判断电路是否存在故障。这种方法通常用于检测信号传输路径上的故障。

4.替代法

替代法是通过替换可疑元件或组件，判断是否为故障源。如果替换后电路恢复正常，则说明被替换元件或组件存在问题。这种方法适用于检测元件或组件的故障。

（三）模拟电路故障预防与维护

为了减少模拟电路的故障发生率，提高其稳定性和可靠性，需要采取一系列预防和维护措施。

1.合理选用元件和材料

在设计和制造模拟电路时，应选用质量可靠、性能稳定的元件和材料，确保电路的基本质量和性能。同时，要关注元件的规格和参数，避免使用不合适的元件导致性能下降或损坏。

2.规范生产和操作流程

在生产过程中，应严格按照工艺流程和操作规范进行生产和测试，确保每个环节的质量和可靠性。同时，要关注生产环境的温度、湿度、清洁度等条件，避免环境因素对电路性能的影响。

3.定期维护和保养

对于长时间使用的模拟电路，应定期进行维护和保养。检查电路外观是否有损坏，元件是否有松动或老化现象，测量关键元件的参数值是否正常等。及时发现并处理潜在的故障隐患，确保电路的正常运行。

4.建立健全的维修体系

建立完善的维修体系，包括故障检测、故障定位、故障排除等环节。通过定期检查和及时维修，确保模拟电路的正常运行和延长使用寿命。同时，维修过程中要注意安全操作规程，避免造成进一步的人为损坏。

模拟电路的常见故障类型多种多样，需要根据具体情况进行分析和处理。通过合理的预防和维护措施，可以有效减少模拟电路的故障发生率，提高其稳定性和可靠性。未来随着技术的不断进步和应用需求的不断变化，模拟电路的故障检测和维护技术也将不断发展创新，为各种电子设备和系统的正常运行提供更加可靠的技术保障。

二、模拟电路故障的表现与影响

（一）模拟电路故障的表现

1.功能型故障

功能型故障是指电路的功能完全丧失，无法实现预期的输出。例如，一个放大器无法放大信号，一个振荡器无法产生振荡等。这类故障通常是由于电路中的开路、短路、元件损坏等严重问题导致的。

2.参数型故障

参数型故障是指电路的性能参数偏离了正常范围，但电路的基本功能还存在。这类故障通常表现为信号幅度减小、频率偏移、相位失真等。参数型故障通常是由于元件老化、漂移、失调等原因导致的。

（二）模拟电路故障的影响

模拟电路的故障可能会对整个系统或设备产生严重的影响，具体取决于故障的类型和位置。

1.对系统性能的影响

模拟电路作为电子设备和系统的重要组成部分，其性能直接影响整个系统的性能。如果模拟电路出现故障，可能会导致系统性能下降，如信号幅度减小、频率偏移、相位失真等。严重时，可能会导致系统无法正常工作。

2.对设备安全的影响

模拟电路的故障还可能对设备安全造成影响。例如，过电压、过电流等故障可能会导致电路元件烧毁、设备起火等安全问题。此外，模拟电路中的元件老化、漂移等问题也可能导致设备性能不稳定，增加设备故障的风险。

3.对设备可靠性的影响

模拟电路的故障会影响设备的可靠性。如果设备中存在故障，可能会导致设备频繁出现故障，降低设备的可靠性。此外，模拟电路中的参数型故障还可能影响设备的寿命和稳定性，降低设备的可靠性。

第二节 模拟电路故障的诊断方法

一、直接观察法

（一）直接观察法概述

直接观察法是一种基本的、目视的故障诊断方法，它是通过直接观察电路的外观和运行状态来判断是否存在故障。这种方法不需要复杂的测试设备，仅凭人的感官和经验进行判断。尽管直接观察法具有一定的主观性和局限性，但对于一些明显的故障，如元件损坏、连线断开等，其效果显著。

（二）直接观察法的实施步骤

（1）观察外观：首先检查电路板和元件是否有明显的物理损坏，如烧焦、裂痕、变形等。同时，注意查看电路板的布局和布线是否规整，有无异常的痕迹或颜色变化。

（2）检查连接：确保所有连接都稳固，无松动或断开的现象。特别关注电源线、地线和其他关键连接点。

（3）目视检测：在电路通电时，观察元件的温度、颜色变化，以及是否有异常的烟雾或火花产生。这些迹象可能表明过热、短路或其他故障。

（4）听诊器法：轻微的故障或机械问题有时可以通过听声音来进行判断。例如，风扇、继电器或其他元件发出的异常声音可能暗示有问题。

(5) 触觉检测：某些元件，如电容器、变压器等，如果出现故障，可能会有异常的温升。通过触摸元件表面，可以感知到这些温度变化。

（三）直接观察法的局限性

尽管直接观察法简单易行，但对于一些深层次的或微妙的故障可能难以察觉。此外，它依赖于人的感官和经验，因此主观性较强。对于一些复杂的或间歇性的故障，直接观察法可能无法准确诊断。

（四）直接观察法的应用场景

直接观察法适用于初步的故障诊断和排查，特别是在资源和设备有限的环境中。例如，在维修现场没有专业测试设备的情况下，直接观察法就显得尤为重要。对于一些明显的故障或故障征兆，直接观察法能够快速定位并采取相应的措施。

（五）案例分析

例如，某设备在运行过程中突然出现异常噪声。通过直接观察法，技术人员发现一个风扇明显运转不灵，且有明显的物理损伤。进一步检查发现，风扇的电源线因长期磨损而断裂。通过更换风扇和电源线，设备恢复正常运行。在这个案例中，直接观察法帮助技术人员快速定位并解决了问题。

直接观察法是一种简单而实用的故障诊断方法，尤其在资源有限的环境中。它通过人的感官和经验来识别明显的故障征兆和物理损伤，为进一步的故障排查和修复提供了方向。然而，由于其主观性和局限性，直接观察法通常只适用于初步的故障诊断，对于更复杂或微妙的故障，可能需要更专业的测试设备和更深入的分析方法。

在实际应用中，将直接观察法与其他更先进的故障诊断技术相结合，可以大大提高故障诊断的准确性和效率。例如，在初步的目视检查之后，可以使用专业的测试设备对电路进行功能测试或参数测量，以进一步确定故障的原因和位置。这种组合方法能够更好地满足各种复杂电路系统的故障诊断需求。

总的来说，直接观察法是一种基础但重要的故障诊断工具，尤其在模拟电路领域。通过不断积累经验和实践，技术人员可以进一步提高直接观察法的应用效果，为电子设备和系统的正常运行提供更好的技术保障。同时，随着技术的发展和创新，期待更多先进的故障诊断技术能为模拟电路以及其他领域的电路系统提供更全面、准确和高效的支持。

二、参数测试法

（一）参数测试法概述

参数测试法是一种基于电路参数测量的故障诊断方法，它通过测量电路中关键元件的参数，如电压、电流、电阻、电容等，并与正常值进行比较，以确定是否存在故障。这种方法对于诊断模拟电路中的常见故障非常有效，因为它可以快速准确地定位问题。

（二）参数测试法的实施步骤

（1）确定关键参数：首先，需要明确电路中关键元件的参数，如工作电压、电流、电阻、电容等。这些参数对于模拟电路的正常运行至关重要。

（2）测量参数值：使用适当的测试设备（如万用表、示波器等）测量关键元件的参数值。确保设备设置正确，并按照测试规范进行操作。

（3）比较测量值与标准值：将测得的参数值与电路设计或技术规格书中的标准值进行比较。如果测量值与标准值存在显著偏差，则可能存在故障。

（4）故障定位与确认：根据测量结果，分析故障的可能原因，并使用其他诊断方法（如功能测试、替换法等）进一步确认故障位置和性质。

（5）修复与验证：一旦确定故障位置和原因，采取相应的修复措施。修复后，重新测量相关参数以验证故障是否已排除。

（三）参数测试法的优势与局限性

参数测试法的优势在于其快速、准确和针对性强。通过测量关键元件的参数，可以迅速判断出元件是否正常工作，从而缩小故障范围。此外，这种方法对设备和经验的要求相对较低，易于实施。

然而，参数测试法也存在局限性。首先，它依赖于准确的参数标准和参考值，而这些参考值可能不易获取或随条件变化而变化。其次，对于一些复杂的或间歇性的故障，单纯的参数测试可能无法准确诊断。此外，对于一些深层次的或隐蔽的故障，可能需要更深入的分析和专业的测试设备。

（四）参数测试法的应用场景

参数测试法适用于各种模拟电路的故障诊断，特别是那些关键元件参数容易测量和故障易于识别的场合。例如，对于电源电路、放大器电路、滤波器电路等，参数测试法是一种非常有效的诊断工具。

（五）案例分析

例如，某音频放大器电路出现噪声问题。通过使用示波器和万用表进行参数测试，技术人员发现放大器电路中一个晶体管的基极电压异常升高。进一步分析表明，该晶体管老化导致性能下降。更换该晶体管后，噪声问题得到解决。在这个案例中，参数测试法帮助技术人员快速准确地定位了故障原因。

参数测试法是一种实用而高效的模拟电路故障诊断方法。通过测量关键元件的参数并与标准值进行比较，能够快速识别出故障元件，提高诊断效率。在实际应用中，结合其他故障诊断技术（如功能测试、替换法等），可以更全面地分析故障原因并采取有效的修复措施。然而，需要注意参数测试法的局限性，对于复杂或隐蔽的故障可能需要更深入的分析和专业的测试设备。因此，不断积累经验和技术创新是提高模拟电路故障诊断准确性和效率的关键。

随着技术的不断发展，未来可能会有更先进的故障诊断技术出现，但参数测试法作为一种基础而有效的诊断方法，仍将在模拟电路以及其他领域中发挥重要作用。通过不断优化和完善参数测试法，以及与其他先进技术的结合使用，我们能够更好地应对各种电路系统的故障挑战，确保电子设备和系统的正常运行。

三、信号注入法

（一）信号注入法概述

信号注入法是一种通过向模拟电路中注入特定信号，然后观察电路响应以诊断故障的方法。这种方法利用了电路的激励响应原理，通过观察电路在不同激励下的输出，来判断故障是否存在以及故障的具体位置。

（二）信号注入法的实施步骤

（1）选择合适的信号源：根据模拟电路的特点，选择适当的信号源，可以是正弦波、方波、脉冲信号等。选择的标准是确保信号的频率、幅度和波形满足诊断需求。

（2）确定注入点与检测点：选择适当的注入点，通常是电路的关键节点或可疑故障点。同时，确定检测点，用于观察电路的输出响应。确保检测点能够准确反映电路的正常工作状态和故障状态。

（3）注入信号并观察响应：通过适当的接口（如探针、插头等）将选定的信号注入注入点。然后，使用适当的测量设备（如示波器、频谱分析仪等）观察检测点的响应。

（4）比较正常与故障状态：与已知的正常工作状态下的响应进行比较，分析异常之处。通过分析异常的幅度、波形、频率等特征，判断故障的性质和位置。

（5）故障定位与确认：基于观察到的响应差异，分析可能存在的故障元件或连接。使用其他诊断方法（如参数测试法、功能测试法等）进一步确认故障位置和性质。

（6）修复与验证：一旦确定故障位置和原因，采取相应的修复措施。修复后，重新进行信号注入与响应观察，验证故障是否已排除。

（三）信号注入法的优势与局限性

信号注入法的优势在于其非侵入性和高灵敏度。它可以在不改变电路正常工作状态的情况下进行故障诊断，并且通过观察电路的激励响应关系，能够更准确地定位故障位置。此外，这种方法对测试设备和经验的要求相对较低，易于实施。

然而，信号注入法也存在局限性。首先，它依赖于准确的激励信号和正确的注入点与检测点选择，这些因素可能影响诊断结果的准确性。其次，对于一些深层次的或间歇性的故障，单纯的信号注入法可能无法准确诊断。此外，对于一些高噪声或高动态范围的电路，信号注入法的应用可能受到限制。

（四）信号注入法的应用场景

信号注入法适用于各种模拟电路的故障诊断，特别是那些激励响应关系明显的场合。例如，对于放大器电路、滤波器电路、振荡器电路等，信号注入法是一种非常有效的诊断工具。

（五）案例分析

例如，某音频放大器出现失真问题。通过使用信号发生器和示波器进行信号注入和响应观察，技术人员发现放大器电路中一个晶体管的输入端电压异常。进一步分析表明，该晶体管性能下降导致放大失真。更换该晶体管后，失真问题得到解决。在这个案例中，信号注入法帮助技术人员快速准确地定位了故障原因。

信号注入法是一种实用而高效的模拟电路故障诊断方法。通过向电路中注入特定信号并观察响应，能够快速识别出故障元件或连接问题，提高诊断效率。在实际应用中，结合其他故障诊断技术（如参数测试法、功能测试法等），可以更全面地分析故障原因并采取有效的修复措施。然而，需要注意信号注入法的局限性，对于复杂或间歇性的故障可能需要更深入的分析和专业的测试设备。因此，不断积累经验和技术创新是提高模拟电路故障诊断准确性和效率的关键。

随着技术的不断发展，未来可能会有更先进的故障诊断技术出现，但信号注入法作为一种基础而有效的诊断方法，仍将在模拟电路以及其他领域中发挥重要作用。通过不断优化和完善信号注入法，以及与其他先进技术的结合使用，我们能够更好地应对各种电路系统的故障挑战，确保电子设备和系统的正常运行。

第三节　模拟电路的维修技术

一、元件替换法

（一）元件替换法概述

元件替换法是一种通过替换可疑故障元件来诊断模拟电路故障的方法。这种方法基于逐一排除可能存在问题的元件，通过观察替换前后电路性能的变化来确定故障元件。

（二）元件替换法的实施步骤

（1）确定可疑元件：根据电路的故障现象、电路原理以及工作经验，初步确定可能导致故障的元件。

（2）准备替换元件：准备足够的、与原电路元件兼容的替换元件，确保替换过程不会对电路造成进一步损害。

（3）逐一替换可疑元件：按照一定的顺序，逐一替换可疑元件。在替换过程中，应保持电路的其他部分不变，仅替换单个元件。

（4）测试与观察：替换完成后，对电路进行测试和观察。比较替换前后的电路性能，重点关注输出波形、电流、电压等关键参数的变化。

（5）确定故障元件：如果电路性能在替换后得到改善或恢复正常，那么被替换的元件即为故障元件。如果没有改善，则继续替换其他可疑元件，直到找到故障元件。

（6）修复与验证：一旦确定故障元件，进行相应的修复或更换操作。然后重新测试和观察电路性能，验证故障是否已排除。

（三）元件替换法的优势与局限性

元件替换法的优势在于其直接性和有效性。通过逐一替换可疑元件，能够快速定位到故障元件，缩短诊断时间。此外，这种方法不需要复杂的测试设备，仅需适当的替换元件即可。

然而，元件替换法也存在局限性。首先，它依赖于准确的故障判断和可疑元件的预先确定，如果初步判断错误，可能会浪费时间和资源。其次，对于一些高集成度或大规模的模拟电路，逐一替换元件可能不现实或成本较高。此外，对于一些间歇性或隐性故障，可能难以通过替换法准确诊断。

（四）元件替换法的应用场景

元件替换法适用于各种模拟电路的故障诊断，特别是那些故障现象明显且可疑元件容易确定的场合。例如，对于电源电路、放大器电路、滤波器电路等，元件替换法是一种非常实用的诊断工具。

（五）案例分析

例如，某音频放大器出现失真问题。通过逐一替换放大器电路中的晶体管，技术人员发现当某个晶体管被替换后，放大器的失真现象得到明显改善。进一步分析表明，该晶体管性能下降导致放大失真。更换该晶体管后，失真问题得到解决。在这个案例中，元件替换法帮助技术人员快速准确地定位了故障元件。

元件替换法是一种简单而有效的模拟电路故障诊断方法。通过逐一替换可疑元件，能够快速识别出故障元件，提高诊断效率。在实际应用中，结合其他故障诊断技术（如参数测试法、功能测试法等），可以更全面地分析故障原因并采取有效的修复措施。然而，需要注意元件替换法的局限性，对于高集成度或大规模的模拟电路可能不适用。因此，不断积累经验和技术创新是提高模拟电路故障诊断准确性和效率的关键。

随着技术的不断发展，未来可能会有更先进的故障诊断技术出现，但元件替换法作为一种基础而有效的诊断方法，仍将在模拟电路以及其他领域中发挥重要作用。通过不断优化和完善元件替换法，以及与其他先进技术的结合使用，我们能够更好地应对各种电路系统的故障挑战，确保电子设备和系统的正常运行。

二、调整和补偿法

（一）调整和补偿法概述

调整和补偿法是一种通过调整或补偿电路中某些元件的参数来诊断模拟电路故障的方法。这种方法主要适用于那些由于元件参数变化或漂移导致的故障，通过调整或补偿这些参数，可以恢复电路的正常性能。

（二）调整和补偿法的实施步骤

（1）参数检测与识别：首先，需要检测模拟电路中各个元件的参数，如电阻、电容、电感等。通过测量这些参数，可以初步判断是否存在参数异常或漂移的现象。

（2）故障定位：根据检测到的参数异常，结合电路原理和故障现象，确定可能存在问题的元件或电路部分。

（3）调整或补偿：针对确定的故障元件或电路部分，进行必要的调整或补偿操作。这可能包括改变电阻的阻值、调整电容的容量、改变电感的匝数等。

（4）测试与验证：完成调整或补偿后，对模拟电路进行测试和验证。观察电路性能的变化，特别是关注输出波形、电流、电压等关键参数是否恢复正常。

（5）重复诊断与调整：如果电路性能未得到改善，可能需要重复上述步骤，对其他元件或电路部分进行调整或补偿。

（三）调整和补偿法的优势与局限性

调整和补偿法的优势在于其对一些特定类型故障的高效诊断能力。对于由元件参数变化或漂移引起的故障，通过直接调整或补偿这些参数，往往能够迅速恢复电路的正常性能。此外，这种方法通常不需要昂贵的测试设备，仅需基本的测量工具即可实施。

然而，调整和补偿法也存在局限性。首先，它依赖于准确的故障判断和参数检测，如果初步判断错误，可能会浪费时间和资源。其次，对于一些复杂的模拟电路，尤其是现代高集成度的芯片级电路，可能难以进行有效的调整或补偿。此外，对于一些间歇性或隐性故障，可能难以通过调整和补偿法准确诊断。

（四）调整和补偿法的应用场景

调整和补偿法适用于那些由于元件参数变化或漂移导致的模拟电路故障。例如，由于温度变化、老化或外部干扰导致的元件参数变化，可以通过调整和补偿法进行修复。此外，对于一些可调元件（如可变电阻、可变电容等），也可以使用这种方法进行故障诊断和修复。

（五）案例分析

例如，某音频放大器出现频率响应异常的问题。经过检测发现，电路中一个电容的容量发生了漂移。通过调整该电容的容量，使它恢复到标称值，音频放大器的频率响应恢复正常。这个案例表明了调整和补偿法在处理特定类型故障时的有效性。

调整和补偿法是一种针对特定类型故障的有效模拟电路故障诊断方法。通过检测和识别元件参数的变化或漂移，对相应的元件进行调整或补偿，能够快速解决由参数变化引起的故障问题。在实际应用中，结合其他故障诊断技术（如波形观察法、频谱分析法等），可以更全面地了解故障性质并采取针对性的修复措施。然而，需要注意调整和补偿法的局限性，对于一些复杂或间歇性的故障可能不适用。因此，不断积累经验和技术创新是提高模拟电路故障诊断准确性和效率的关键。

随着技术的不断发展，未来可能会有更先进的故障诊断技术出现，但调整和补偿法作为一种简单而实用的诊断方法，仍将在模拟电路以及其他领域中发挥重要作用。通过不断优化和完善这种方法,以及与其他先进技术的结合使用,我们能够更好地应对各种电路系统的故障挑战,确保电子设备和系统的正常运行。

三、修复和更换电路板

在模拟电路故障诊断中,修复和更换电路板是一种常见的解决策略。这种方法主要针对电路板上的元件故障或电路模块失效的情况,通过修复或更换受损的电路板,恢复电路的正常功能。下文将详细介绍这种故障诊断方法,包括其实施步骤、优势与局限性以及应用场景。

(一)修复和更换电路板的实施步骤

(1)电路板检查:首先,对故障电路板进行外观检查,查看是否有明显的物理损伤,如断裂、烧毁或腐蚀等。同时,使用测量工具检测电路板上的关键节点电压和信号,初步判断故障原因。

(2)元件替换:如果检查发现某个元件损坏,如电阻、电容、晶体管等,需要用同型号的元件进行替换。在替换过程中,要确保新元件的参数与原元件一致,以避免参数不匹配引起的其他问题。

(3)电路模块替换:如果电路板上的某个电路模块(如放大器、滤波器等)失效,需要整体更换。选择与原电路模块功能和规格相同的新模块进行替换,确保电路性能的恢复。

(4)调试与验证:完成修复或更换后,对电路板进行测试和调试。观察关键节点电压、信号波形等是否恢复正常。验证电路的主要功能是否正常,确保故障已被排除。

(5)记录与报告:详细记录故障现象、诊断过程、修复措施及结果等信息。编写故障诊断报告,为今后的维修和故障排查提供参考。

(二)修复和更换电路板的优势与局限性

(1)优势:修复和更换电路板对于解决由元件损坏或电路模块失效引起的故障非常有效。这种方法直接针对故障点,能够快速恢复电路的正常功能,减少停机时间。此外,对于一些常见元件或模块,备件库存充足,便于及时替换。

(2)局限性:首先,修复和更换电路板需要具备一定的技术能力和经验,对于技术人员的技能要求较高。其次，如果电路板上的故障点较多或涉及复杂电路，修复工作可能会变得困难且耗时。此外，对于一些特殊或定制的电路板，可能难以找到合适的替换部件。

（三）修复和更换电路板的应用场景

修复和更换电路板适用于解决因元件损坏或电路模块失效引起的故障。这些故障通常表现为电气性能下降、功能异常或完全失效。在以下场景中，这种方法特别适用以下情况。

（1）生产环境中的关键设备：在生产线或工业控制系统中，某些关键设备的中断可能导致整个流程停滞。通过及时修复或更换受损的电路板，可以迅速恢复设备的正常运行。

（2）高价值电子设备：对于一些高价值的电子设备，如医疗设备、航空电子设备等，由于维修成本高昂，采用修复和更换电路板的方法可以降低维修成本并快速恢复设备的性能。

（3）定制或特殊用途的电路板：对于一些定制或特殊用途的电路板，由于缺乏通用备件，修复和更换成为唯一可行的故障排除方法。通过与原制造商合作或寻找替代供应商，实现电路板的修复或替换。

（四）案例分析

例如，某通信设备的信号处理模块出现故障，导致设备无法正常工作。经检测发现是电路板上的一颗数字信号处理器（DSP）芯片损坏。通过采购同型号的 DSP 芯片并替换受损芯片，信号处理模块恢复正常工作。这个案例表明了修复和更换电路板在处理特定类型故障时的实用性。

修复和更换电路板是一种针对模拟电路中特定类型故障的有效诊断方法。当元件损坏或电路模块失效导致故障时，这种方法能够快速定位并解决问题，迅速恢复电路的正常功能。在实际应用中，根据具体的故障情况和可用的备件资源选择合适的修复或替换策略至关重要。同时，不断积累经验和技术创新对于提高故障诊断的准确性和效率也至关重要。

第四章 数字电路故障诊断与维修

第一节 数字电路的基本原理和常见故障

一、数字电路的基本原理

数字电路，又称为逻辑电路，是处理离散信号的电路系统。与模拟电路不同，数字电路处理的是不连续的、离散的信号，即二进制数位，通常为高电平（逻辑1）和低电平（逻辑0）。下文将深入探讨数字电路的基本原理，包括其工作原理、信号表示、基本元件以及运算逻辑。

（一）数字电路的工作原理

数字电路的工作基于二进制数制系统。在二进制系统中，每一位只有两种可能的取值：0或1。这些离散的值代表了信息的基本单位，可以通过不同的组合表示各种信息。数字电路通过处理这些二进制信号来完成各种任务。

（二）数字信号表示

在数字电路中，信息以二进制形式表示，也称为数字信号。最基本的数字信号是高低电平，通常高电平表示1（逻辑1），低电平表示0（逻辑0）。这些信号通过数字电路中的元件进行传输、运算等操作。

（三）基本元件

数字电路中常用的基本元件包括：逻辑门、触发器、寄存器等。这些元件在数字电路中起到关键的作用，能够实现各种逻辑运算和存储功能。

（1）逻辑门：逻辑门是数字电路的基本组成元件，用于实现逻辑运算。常见的逻辑门有与门、或门、非门等。它们分别实现与、或、非三种基本逻辑运算。

（2）触发器：触发器是用于存储二进制信息的元件，具有保存数据、反应速度快的特点。常见的触发器有RS触发器、D触发器等。

（3）寄存器：寄存器是用于存储数据的一系列触发器的组合，能保存一组二进制数据，并可对数据进行并行输入和输出。

（四）运算逻辑

数字电路中的运算逻辑主要基于布尔代数。布尔代数是英国数学家乔治·布尔在19世纪中叶提出的一种数学方法，它使用二进制值（0和1）进行运算。通过不同的逻辑门组合，可以实现各种复杂的逻辑运算和功能。例如，与门可以实现逻辑乘法，或门可以实现逻辑加法，非门可以实现逻辑翻转等。

（五）数字电路的应用

数字电路被广泛应用于各种领域，如计算机硬件、通信系统、控制系统等。在计算机硬件中，数字电路用于实现CPU、内存、硬盘等核心部件的功能。在通信系统中，数字电路用于信号的传输、调制解调等操作。在控制系统中，数字电路用于实现各种控制逻辑和算法。

数字电路作为现代电子技术的核心组成部分，已经深入到各个领域中。理解数字电路的基本原理对于从事电子工程、计算机科学和相关领域的人员至关重要。通过掌握二进制数制系统、数字信号表示、基本元件以及运算逻辑等内容，我们可以更好地理解和应用数字电路，为现代社会的科技发展做出贡献。

在实际应用中，数字电路的设计和实现需要考虑诸多因素，如噪声容限、功耗、可靠性等。随着技术的不断发展，数字电路的设计也日趋复杂，需要借助先进的EDA（电子设计自动化）工具来完成。同时，为了满足日益增长的性能需求，研究人员不断探索新的工艺技术，如纳米级工艺等，以提升数字电路的性能和集成度。

二、数字电路的常见故障及原因

数字电路在各种电子系统中发挥着核心作用，一旦出现故障，可能会导致系统功能异常甚至完全失效。了解数字电路的常见故障及其原因是进行故障诊断和排查的重要前提。下文将深入探讨数字电路的常见故障及其产生的原因。

（一）常见故障类型

（1）逻辑故障：表现为电路的逻辑功能异常，如输出信号持续为高或低电平,不符合预期的逻辑关系。

(2)时序故障:表现为时序信号的异常,如时钟信号的延迟或提前,导致电路内部元件的配合出现问题。

(3)暂态故障:表现为电路在状态切换过程中的异常行为,如状态的不稳定或过渡过程中的延迟。

(4)元件故障:表现为元件性能的退化或失效,如晶体管的击穿、电容器的漏电等。

(5)结构故障:表现为电路结构的缺陷或不合理,如连线错误、元件错位等。

(二)故障原因分析

(1)环境因素:温度、湿度、尘埃、电磁干扰等环境因素可能影响数字电路的正常工作。

(2)电源因素:电源波动、电源设计不合理或电源供应不足可能导致数字电路工作不稳定或出现故障。

(3)元件老化:电路中的元件存在寿命问题,长时间工作可能导致性能退化,如晶体管的漏电流增加、电容器的漏电增加等。

(4)设计缺陷:电路设计不合理、时序配合不当、元件参数选择不当等设计缺陷可能导致各种故障。

(5)制造缺陷:制造过程中的缺陷或误差可能导致电路性能偏离预期,如焊接不良、线宽不符合设计要求等。

(6)使用不当:错误的操作、过载使用、不正确的接口连接等使用不当行为可能导致数字电路的故障。

(7)维护缺乏:缺乏定期的维护和保养可能导致数字电路的性能下降或出现故障。

(三)案例分析

以一个简单的门电路为例,如果输入信号持续为高电平,而输出信号却持续为低电平,这可能就是逻辑故障的例子。造成这种故障的原因可能是门电路内部的晶体管性能退化,导致其无法正常切换状态。

在时序电路中,如果时钟信号的延迟过长,可能导致数据在时钟边缘上的同步出现问题，进而导致数据传输错误。这种故障通常是由时钟源的问题引起的，例如时钟源的频率不稳定或者时钟信号在传输路径上的延迟过大。

暂态故障的一个例子是在数据总线上出现的毛刺（瞬态干扰信号）。当数据总线上的信号状态发生变化时，可能会在变化点附近出现短暂的不稳定状态，导致数据读取错误。这种故障通常是由电源或地线的噪声引起的，也可能是数据总线驱动电路的设计问题。

元件故障的一个例子是晶体管的击穿。如果晶体管的控制极和漏极之间的电压过高，可能会导致晶体管击穿，使得电路无法正常工作。这种故障通常是由过电流或过电压引起的，也可能是由于元件老化或设计不当导致的。

结构故障的一个例子是连线错误。例如，将两个输入端口错误地连接在一起，导致电路无法正常工作。这种故障通常是由设计错误或制造过程中的误差引起的。

数字电路的常见故障及其原因多种多样，这要求我们在进行电路设计、制造、使用和维护的过程中要格外小心。为了预防和解决这些故障，我们需要深入理解数字电路的工作原理和特性，同时采用各种诊断和排查工具和技术来识别和修复故障。在实际应用中，应注重对数字电路进行定期的维护和保养，以保持其正常的工作状态并延长其使用寿命。同时，对于从事电子工程和相关领域的人员来说，不断学习和掌握新的技术和工具也是非常重要的，以便更好地应对各种复杂的数字电路故障问题。

第二节　数字电路故障的诊断方法与定位

一、数字电路故障的诊断方法

（一）常见数字电路故障诊断方法

（1）逻辑分析法：通过逻辑分析，检测数字电路的输入和输出信号，判断是否存在逻辑错误。这种方法需要使用逻辑分析仪等工具，通过捕获和分析信号来诊断故障。

（2）波形分析法：通过观察关键节点的波形，判断是否存在异常。这种方法直观且易于理解，但需要相应的测试设备来获取波形。

（3）故障字典法：通过建立故障字典，将故障现象与可能的原因进行关联。诊断时，根据故障现象查询故障字典，找到可能的原因。这种方法需要大量的测试和数据积累。

（4）电流检测法：通过检测数字电路的电流，判断是否存在异常。电流的变化可以反映电路的工作状态，因此电流检测法是一种有效的故障诊断方法。

（5）温度检测法：通过检测数字电路的温度，判断是否存在过热故障。温度的异常升高可能表明电路存在工作异常。

（6）辐射检测法：利用放射性元素或传感器检测数字电路的放射性辐射，判断是否存在故障。这种方法在某些特殊应用中具有一定的价值。

（7）人工智能诊断法：利用人工智能技术进行故障诊断。通过训练神经网络或支持向量机等机器学习模型，实现对故障的自动识别和分类。这种方法需要大量的训练数据和计算资源。

（二）数字电路故障诊断技术的挑战与展望

随着数字电路规模的扩大和复杂性的增加，传统的故障诊断方法可能面临一些挑战。

（1）高集成度带来的挑战：在高度集成的数字电路中，元件之间的耦合效应增强，使得故障定位和原因分析更加困难。

（2）实时性要求：在一些应用场景中，如航空航天、高速通信等，对数字电路的实时性要求极高，需要快速准确地诊断故障。

（3）自适应和智能化需求：随着人工智能技术的发展，对数字电路故障诊断的自适应和智能化需求越来越高。

（4）多故障模式处理：在实际应用中，数字电路可能同时存在多个故障模式，需要诊断方法能够有效地识别和处理。

（5）测试覆盖率问题：在复杂的数字电路中，实现全面的测试覆盖率是一项挑战，需要发展有效的测试策略和算法。

针对这些挑战，未来的数字电路故障诊断技术将朝以下几个方向发展。

（1）混合诊断技术：结合多种诊断方法的优点，发展混合诊断技术，以提高故障诊断的准确性和效率。

（2）智能化诊断技术：利用人工智能、机器学习等技术进行故障诊断，提高诊断的自适应性和智能化水平。

（3）多层次诊断技术：从系统级、模块级到元件级多层次进行故障诊断，全面覆盖数字电路的各个层面。

（4）高可靠性诊断技术：针对高可靠性要求的应用场景，发展高可靠性、高稳定性的故障诊断技术。

（5）可视化诊断技术：利用可视化技术，直观地展示数字电路的工作状态和故障信息，提高诊断的效率和准确性。

（6）自动化测试与修复技术：发展自动化测试与修复系统，实现快速、自动化的故障诊断与修复。

（7）跨学科融合：结合电子工程、计算机科学、数据科学、人工智能等多个学科的理论和技术，推动数字电路故障诊断技术的发展和创新。

数字电路故障的诊断是一个具有挑战性的领域，需要不断探索和创新。面对日益复杂的数字电路系统，发展高效、准确、智能的故障诊断方法对于保障电子系统的可靠性和稳定性具有重要意义。未来，随着技术的进步和应用需求的增长，数字电路故障诊断技术将继续发展并取得更大的突破。

二、数字电路故障的定位技巧

在数字电路故障诊断中，故障定位是至关重要的一个环节。它涉及确定故障发生的确切位置，以便进一步进行故障原因分析和修复。下文将重点探讨数字电路故障的定位技巧，旨在提高故障诊断的效率和准确性。

（一）数字电路故障定位的基本原则

（1）由整体到局部：首先从整体上观察和测试电路的功能，确定故障的大致范围，然后再逐步缩小到具体的元件或电路模块。

（2）由常见到罕见：优先检查常见故障源，如老化元件、易损元件等，然后再考虑罕见或特殊原因。

(3) 由输入到输出：从电路的输入端开始检测，逐步向输出端推进，查找异常信号或波形。

(4) 由简单到复杂：先处理简单、明显的故障，再解决复杂的、隐蔽的故障。

(二) 数字电路故障定位的常用技巧

(1) 逻辑分析法：利用逻辑分析仪等工具，捕获数字电路的信号，通过分析信号的逻辑关系，判断是否存在逻辑错误。这种方法对于时序逻辑电路和组合逻辑电路的故障定位非常有效。

(2) 波形分析法：通过示波器等测试设备观察关键节点的波形，与正常波形进行对比，找出异常波形，从而定位故障。这种方法直观且易于理解。

(3) 强制测试法：通过外部干预，强制某些信号为特定的值，以测试电路中特定部分的功能。这种方法在测试时序逻辑电路时尤为有用。

(4) 替换法：用已知正常的元件替换疑似故障元件，观察电路功能是否恢复正常，以此确定故障元件。

(5) 参数测量法：利用万用表等工具测量元件的参数，如电阻、电容等，判断是否在正常范围内。通过参数测量法可以发现一些潜在的故障源。

(6) 追踪法：通过追踪信号的路径，从输入端到输出端，观察信号是否正常传输。在追踪过程中，特别关注信号的异常跳变或延迟。

(7) 温升法：通过监测元件的温度变化，判断元件是否过热。过热的元件往往是故障的源头之一。

(8) 旁路法：对于一些难以定位的间歇性故障，可以通过在疑似故障点旁路掉一部分电路，观察故障是否消失，以此判断故障点。

(9) 分解法：将复杂电路分解为若干个简单的子电路，逐一进行测试和排查，最终确定故障的具体位置。

(10) 参照法：选取一个正常工作的相同电路作为参照，对比其与故障电路的各项参数和特性，快速找出异常部分。

(11) 功能测试法：通过输入一系列已知的测试信号，观察输出信号是否符合预期，从而判断电路的功能是否正常。这种方法特别适用于验证电路的功能性。

(12) 集成块代换法：当怀疑某个集成块有故障时，可以用一个已知正常的集成块进行代换,观察电路功能是否恢复正常。

(三)数字电路故障定位的高级技巧与挑战

随着数字电路技术的不断发展,传统的故障定位技巧在某些情况下可能面临挑战。例如,对于高集成度、高噪声环境下的数字电路,精确地定位故障变得更为困难。为了应对这些挑战,高级技巧和方法被不断研究和发展。以下是几个高级技巧。

(1)使用先进的诊断工具:如光学显微镜、原子力显微镜等微观层面的诊断工具,能够更精确地观察和分析电路中的微小缺陷和异常。

(2)信号完整性分析:通过分析高速数字信号的波形、幅度、时间等参数,评估信号的完整性,进而判断故障的位置和原因。

(3)基于人工智能的故障定位:利用机器学习、深度学习等技术对大量的故障数据进行学习,构建智能化的故障定位模型。这种方法能够自动地识别和定位故障,大大提高诊断效率。

(4)混合模式诊断:结合多种诊断方法的优点,如逻辑分析、波形分析、参数测量等,进行混合模式的诊断,以提高诊断的准确性和全面性。

(5)多层次诊断:从物理层、逻辑层到系统层进行多层次的故障定位,确保全面覆盖数字电路的所有层面。

(6)跨学科融合:结合电子工程、计算机科学、数据科学、人工智能等多个学科的理论和技术进行故障定位,实现跨学科的诊断创新。

(7)强化学习和深度强化学习在故障定位中的应用:利用强化学习的智能决策和深度学习的特征提取能力,构建智能化的故障定位系统,实现自动化的故障定位。

(8)虚拟仿真和实际测试相结合:通过虚拟仿真技术模拟数字电路的工作状态,结合实际测试数据进行对比和分析,提高故障定位的准确性。

(9)故障预测与健康管理(PHM)技术:利用 PHM 技术对数字电路进行连续的监测和预测,提前发现潜在的故障,实现预防性的维护。

(10)建立故障数据库:不断积累和更新故障数据,形成故障案例库,为后续的故障定位提供参考和借鉴。

数字电路故障定位是一个复杂且需要不断学习和探索的过程。掌握基本的定位技巧是基础，而随着技术的发展和应用的深入，学习和运用更高级的技巧和方法是必要的。同时，跨学科的融合、人工智能技术的应用以及持续的实践经验积累都是提高故障定位效率和准确性的关键。在未来的发展中，数字电路故障定位将更加依赖于跨学科的合作和创新，以应对日益复杂和高级的数字电路系统带来的挑战。

第三节 数字电路故障的维修技术与调试技巧

一、数字电路的维修技术

（一）概述

数字电路的维修技术是电子工程领域中一项至关重要的技能。随着科技的快速发展，数字电路在各种设备和系统中得到广泛应用，从简单的计算器到复杂的航空控制系统。当这些电路出现故障时，能够迅速、准确地定位并修复问题，对于保证系统的正常运行和安全性具有重要意义。

（二）数字电路维修的基本原则

（1）先观察后动手：首先对电路板进行外观检查，查看是否有明显的烧毁、断裂或腐蚀现象。

（2）先外部后内部：检查电源、输入/输出端口和外部连接，确保不是外部问题导致的故障。

（3）先简单后复杂：先处理最直观、最容易识别的故障，再处理更复杂的隐性问题。

（4）预防性维护：对关键电路板进行定期检查和维护，减少故障发生的概率。

（三）数字电路维修的常用工具和技术

（1）逻辑分析仪：用于捕获数字信号，帮助工程师了解电路的工作状态。

（2）示波器：用于检测模拟信号，帮助定位和诊断问题。

(3) 万用表：用于测量电压、电流和电阻等参数，检查电路的电气特性。

(4) 替换法和比较法：当怀疑某个元件或芯片有问题时，可以用好的元件或芯片替换，或者与正常工作的相同电路进行比较。

(5) 故障隔离和定位：通过逐一断开部分电路或使用电阻器、电容器等元件进行模拟，以确定故障的具体位置。

（四）常见数字电路故障及其维修策略

(1) 电源故障：电源不稳定或电源线接触不良可能导致数字电路工作不正常。应检查电源电压和连接线，确保电源稳定且连接良好。

(2) 逻辑门故障：逻辑门是数字电路的基本组成部分，常见的故障包括输入短路、开路和性能退化。应根据具体情况替换或修复逻辑门。

(3) 触发器故障：触发器是存储数据的关键元件，其常见问题包括数据丢失、状态不稳定和工作异常。需要检查触发器的电源、时钟和控制信号，确保其正常工作。

(4) 存储器故障：存储器故障可能导致数据丢失或无法写入/读取。应对存储器的电源、地址、数据和控制线进行逐一检查，以确定问题所在。

(5) 系统级故障：当数字电路作为系统的一部分工作时，系统级故障可能导致整个系统失效。应从系统的角度出发，检查各部分之间的接口和通信，以确定并解决问题。

二、数字电路的调试技巧

（一）概述

数字电路的调试是确保电路正常工作的关键环节。在设计和制造过程中，由于各种原因，电路可能会出现各种问题。通过有效的调试，可以发现并解决这些问题，确保电路的性能和稳定性。

（二）调试前的准备工作

(1) 设计审查：在开始调试之前，对电路的设计进行全面的审查，确保设计的合理性和正确性。

(2) 文档检查：查看电路的规格书、原理图、PCB 布局等信息，为调试提供必要的知识背景。

（3）选择合适的调试工具：根据需要选择适当的调试工具，如示波器、逻辑分析仪、频谱分析仪等。

（三）调试技巧与方法

（1）分块测试：将电路分成若干个模块，逐一进行测试，确定问题所在的具体模块。

（2）断点法：在关键线路或节点设置断点，通过观察信号的变化来判断问题所在。

（3）跟踪法：通过逐一跟踪信号的路径，查看信号在电路中的行为和变化，定位问题点。

（4）替换法：用已知正常工作的模块或元件替换可疑的部分，快速判断是否为故障源。

（5）比较法：将正常工作的电路与故障电路进行比较，查看关键参数和性能指标的差异。

（6）条件控制法：通过改变电路的工作条件（如电源、输入信号等），观察电路的反应和变化，以确定问题所在。

（7）逐步逼近法：从故障现象出发，逐步缩小范围，定位到具体的元件或连接。

（8）噪声和干扰的识别与排除：注意观察和分析电路中是否存在电磁干扰和噪声，通过滤波、隔离等措施消除或减小其影响。

（9）逻辑分析：利用逻辑分析仪对数字信号进行捕获和分析，了解电路的工作状态和时序关系。

（10）模拟和仿真：在调试过程中，可以使用仿真软件对电路进行模拟和仿真，预测电路的行为并验证解决方案的有效性。

（四）常见问题的调试策略

（1）时序问题：检查时钟信号的稳定性和时序关系，确保各逻辑门的工作符合设计要求。对于时序逻辑电路，应特别关注时钟偏斜、时钟抖动等因素对电路性能的影响。

（2）逻辑错误：检查输入和输出信号的逻辑关系是否符合设计预期。通过逻辑分析仪等工具捕获并分析信号状态，找出逻辑门的配置错误或时序不匹配等问题。

（3）电源和接地问题：检查电源电压是否稳定，以及接地是否良好。电源和接地不良可能导致电路工作不稳定、噪声干扰等问题。

（4）元件参数问题：元件参数的不匹配可能导致电路性能异常。在调试过程中，应关注元件的耐压、功耗、频率响应等参数是否满足设计要求。

（5）电磁兼容性问题：数字电路在工作过程中可能产生电磁辐射或受到外部电磁干扰的影响。在调试过程中应关注电磁兼容性问题的存在，采取相应的措施减小干扰影响。

（6）热稳定性问题：在高温条件下，某些元件的性能可能会受到影响，导致电路工作不稳定。在调试过程中应关注元件的温度特性及散热设计是否满足要求。

（7）硬件描述语言（HDL）编写的代码与硬件实现的一致性问题：对于使用硬件描述语言设计的数字电路，需确保 HDL 代码与实际硬件实现的一致性。通过仿真验证和实际测试对比来确保两者的一致性。

（五）实例分析与应用

（1）某计数器无法正常计数：经检查发现是其中一个触发器工作异常所致。通过替换触发器并重新配置逻辑关系，计数器恢复正常工作。

（2）某通信接口数据传输错误：经逻辑分析仪检测发现时钟信号不稳定，导致数据同步出错。通过优化时钟源和调整时钟分频系数，数据传输错误得以解决。

（3）某微处理器复位不正常：经过断点法和替换法检查，确定为复位电路中的某个电阻失效所致。更换电阻后，微处理器复位功能恢复正常。

（4）某 FPGA 配置不正常：检查发现配置存储器损坏导致配置数据丢失。更换配置存储器后，FPGA 重新配置成功并恢复正常工作。

（5）某数字信号处理芯片性能下降：经检查发现接地不良导致芯片工作电压波动过大。改进接地措施后，芯片性能得以恢复并稳定工作。

第五章 通信电路故障与维修技术

第一节 通信电路基础知识

一、通信电路的基本构成

通信电路是实现信息传输和通信的核心组成部分。为了确保信息的可靠传输，通信电路必须具备一系列必要的组件和功能。

（一）信号源

信号源是产生需要传输的信息信号的部件。它可以是各种类型的传感器、数据生成器或其他信息源。信号源的作用是将原始信息转换为电信号，以便在通信电路中进行传输。

（二）调制器

调制器是通信电路中的关键组件，它负责将低频信息信号调制到高频载波信号上。通过调制，信息信号被"加载"到载波信号上，形成已调信号，以便在传输过程中能够有效地传输信息。调制器通常由振荡器、混频器、滤波器等组成，用于产生和调节载波信号。

（三）信道

信道是传输已调信号的媒介，它可以是有线信道（如双绞线、同轴电缆等）或无线信道（如微波、无线电波等）。信道的作用是将已调信号从一个地方传输到另一个地方，它必须能够支持信号的稳定传输，并尽量减少干扰和失真。在有线通信中，信道通常由电缆和连接器组成；在无线通信中，信道通常由空气或空间构成。

（四）解调器

解调器是通信电路中的另一个关键组件，它的作用是将已调信号从载波信号中解调出来,恢复为原始的信息信号。解调器通常由滤波器、混频器和放大器等组成,用于从已调信号中提取和恢复原始信息信号。解调后的信号通常会通过终端设备发送给用户或进行进一步处理。

(五)终端设备

终端设备是通信电路的最后一个组成部分,用于接收和解调来自解调器的信息信号。终端设备可以是各种类型的接收器、显示器、打印机、计算机等,用于处理、显示或存储从通信电路中接收到的信息。终端设备可以是简单的音频设备,如电话机,也可以是复杂的计算机系统或电视接收机。在终端设备中,通常还需要一些辅助设备,如天线(用于无线通信)、调制解调器(用于数字通信)等。

总之,通信电路的基本构成包括信号源、调制器、信道、解调器和终端设备。这些组件协同工作,实现信息的传输和通信。根据不同的通信协议和系统要求,这些组件的具体实现可能会有所不同。例如,在模拟通信系统中,调制和解调过程通常需要使用不同的硬件和算法;而在数字通信系统中,调制过程可以通过简单的数字信号处理技术实现。此外,随着技术的发展,新的通信协议和标准不断涌现,如 4G、5G 移动通信技术等。这些新技术通常需要更复杂的电路设计和更高级的信号处理技术来支持高效的信号传输和数据处理。因此,了解和掌握通信电路的基本构成和工作原理对于从事通信工程和电子工程领域的技术人员来说至关重要。

二、通信电路的工作原理

通信电路作为信息传输的核心,其工作原理涉及多个层面的技术和原理。下面将从信号的产生、调制、传输、解调和接收等方面,详细阐述通信电路的工作原理。

(一)信号的产生

通信电路首先需要一个信号源,这个信号源能够将原始的信息转换为电信号。例如,当我们想要通过电话进行语音通信时,人的声音经过麦克风的转换,成为相应的电信号。这个电信号的频率和幅度代表了原始的声音信息。类似地,在数据通信中，计算机产生的数据会转换为相应的电信号。

（二）信号的调制

调制是通信电路中非常关键的一步，它的主要目的是将低频的信息信号加载到高频的载波信号上，以便于传输。调制器根据不同的通信协议和需求，选择适当的调制方式，如调频（FM）、调相（PM）或调幅（AM）。调制过程可以看作是一种特殊的数学运算，将低频信息信号与高频载波信号相乘，生成了新的已调信号。这个已调信号包含了原始信息，可以在信道中传输。

（三）信号的传输

调制后的信号接下来会进入信道进行传输。信道可以是实体的媒介，如双绞线、光纤等，也可以是虚拟的媒介，如空气（用于无线通信）。在传输过程中，信号可能会受到各种因素的影响，如噪声、失真、衰减等。为了确保信号的可靠传输，通信电路需要具备一定的抗干扰能力和信号保真度。这通常需要采取一系列的措施，如信号放大、滤波、均衡等。

（四）信号的解调

当信号到达目的地后，需要进行解调以提取出原始的信息。解调器的作用与调制器相反，它需要从已调信号中还原出原始的信息信号。解调过程同样需要根据具体的通信协议和系统要求进行，选择适当的解调方式。解调后的信息信号通常会进行进一步的加工和处理，以便于最终的接收和处理。

（五）信号的接收

在接收端，终端设备（如电话、计算机、电视等）接收到解调后的信息信号。这些设备通常具备相应的接口和电路，能够将电信号转换为原始的信息形式。例如，在电话通信中，接收端的扬声器会将电信号转换为声音；在计算机通信中，计算机的显示器会将电信号转换为图像。为了确保接收到的信息准确无误，终端设备还需要具备一定的解码和纠错功能。

综上所述，通信电路的工作原理涉及多个层面的技术和原理。从信号的产生、调制、传输、解调到接收，每个环节都需要精密的设计和协调工作。只有这样，才能确保信息的准确可靠传输，实现高效的通信。

第二节　通信电路的故障类型

一、通信电路的常见故障及其原因

（一）常见故障

（1）电源故障：通信电路中，电源是整个电路正常运作的基础。电源故障通常表现为电压不稳、供电不足或完全没有电源，可能是由于电源设备老化、电路短路、电源线接触不良等原因造成。

（2）线路故障：线路故障是通信电路中最常见的故障之一，主要表现为线路断路、短路、接触不良等。线路故障可能是由于线路老化、外部环境因素如雷击、动物啃咬等造成。

（3）设备故障：通信电路中的设备如交换机、路由器、服务器等出现故障也会影响通信的正常进行。设备故障可能是由于设备本身的质量问题、长时间高负载运行、灰尘积累等原因造成。

（4）软件故障：软件故障通常表现为通信软件运行不正常，如无法登录、数据丢失、运行缓慢等。软件故障可能是由于软件本身的设计缺陷、病毒攻击、操作失误等造成。

（5）电磁干扰：通信电路在传输信号时可能会受到电磁干扰，导致信号质量下降或丢失。电磁干扰可能来源于雷电、高压线、电台等。

（二）故障原因分析

（1）设备老化：通信电路中的设备如交换机、路由器等都是有寿命限制的，长时间高负载运行会加速设备的老化，从而导致设备故障。

（2）维护不当：通信电路需要定期维护，如未能及时清理灰尘、检查线路等，可能会引发设备故障或线路故障。

（3）环境因素：外部环境因素如雷击、动物啃咬等可能会造成线路故障；同时，环境温度过高或过低也可能会影响设备的正常运行。

（4）人为因素：操作失误或恶意攻击可能导致软件故障或设备故障。例如，错误的配置命令可能会使路由器无法正常工作；病毒或黑客攻击可能会破坏软件系统或窃取数据。

（5）设计缺陷：通信电路的设计缺陷可能会导致软件运行缓慢或不稳定，从而影响整个通信系统的性能。例如，某些路由算法可能存在设计缺陷，导致路由表过大或路由环路等问题。

（6）电源问题：电源故障可能是由于电源设备老化、供电不稳或电源线接触不良等原因造成。这些问题可能会影响整个通信电路的正常运行，导致数据传输中断或设备损坏。

（7）线路问题：线路故障可能是由于线路老化、外部环境因素如雷击、动物啃咬等造成。此外，施工过程中可能存在的错误也可能导致线路接触不良或断路等问题。

（8）电磁干扰：通信电路在传输信号时可能会受到雷电、高压线、电台等产生的电磁干扰，从而导致信号质量下降或丢失。电磁干扰可能对不同类型的通信电路产生不同的影响，需要根据具体情况进行分析和解决。

综上所述，通信电路的常见故障及其原因涉及多个方面，包括设备老化、维护不当、环境因素、人为因素、设计缺陷、电源问题、线路问题和电磁干扰等。为了确保通信电路的正常运行，需要针对不同的故障和原因采取相应的预防和解决措施，以保障通信的稳定性和可靠性。在日常维护中，应加强对设备的检查和保养，及时发现并解决潜在的问题；在设计阶段，应充分考虑各种可能出现的故障和原因，并采取相应的措施加以预防；在使用中，应严格按照操作规程进行操作，避免人为因素导致的问题；对于电磁干扰等问题，应采取相应的抗干扰措施，以确保信号的传输质量和稳定性。

二、故障对通信质量的影响

通信电路的故障是影响通信质量的重要因素。无论是家庭还是企业，我们都需要一个稳定、可靠的通信电路来保证通信的顺畅。然而，由于各种原因，通信电路可能会出现各种故障，这些故障会对通信质量产生不良影响。下文将深入探讨通信电路的常见故障及其对通信质量的影响。

（一）常见故障及其对通信质量的影响

（1）电源故障：电源是通信电路的心脏，如果电源出现故障，整个通信系统可能会停止工作，导致通信中断。电源不稳定或供电不足也会影响设备的正常运作，使得数据传输速率下降或丢失数据包。

（2）线路故障：线路故障包括线路老化、接触不良、断路、短路等。这些故障会导致信号传输质量下降，出现信号失真、数据丢失等问题。线路故障还可能引发电磁干扰，进一步影响通信质量。

（3）设备故障：设备故障可能是由于设备本身的质量问题、长时间高负载运行、灰尘积累等原因造成。设备故障会导致信号处理能力下降，影响信号的发送和接收质量。

（4）软件故障：软件故障可能导致通信软件运行缓慢或出现错误，影响用户的使用体验。软件故障还可能引发数据泄露等安全问题，对用户的隐私造成威胁。

（5）电磁干扰：电磁干扰是通信电路中常见的问题之一，它可能来源于雷电、高压线、电台等。电磁干扰会导致信号传输质量下降，出现误码率增加、数据丢失等问题。

（二）如何减小故障对通信质量的影响

（1）定期维护：定期对通信电路进行检查和维护，确保线路和设备处于良好的工作状态。及时更换老化的线路和设备，避免因设备老化而引发的故障。

（2）备份与冗余设计：在通信电路中采用备份和冗余设计，当一部分线路或设备出现故障时，可以迅速切换到备份线路或设备，保证通信的连续性。

（3）强化电磁防护：在设计和施工过程中，应考虑电磁干扰的影响，采取相应的防护措施。例如，使用屏蔽电缆、合理布线、远离干扰源等，以减小电磁干扰对通信质量的影响。

（4）软件更新与安全防护：及时更新通信软件的版本，修补可能存在的安全漏洞。同时，加强安全防护措施，防止病毒或黑客攻击对通信电路造成破坏。

（5）建立故障应急响应机制：当通信电路出现故障时，应迅速启动应急响应机制，及时定位并排除故障，尽快恢复通信的正常运行。

（6）提高用户安全意识：向用户普及网络安全知识，提高用户的安全意识。引导用户正确使用通信设备和软件，避免因用户操作失误而引发的问题。

（7）建立完善的监控系统：通过建立完善的监控系统，实时监测通信电路的状态，及时发现并处理潜在的故障。监控系统还可以提供历史数据和趋势分析，帮助管理人员更好地了解通信电路的性能和状况。

（8）加强预防性维护：通过预防性维护，提前发现并解决可能存在的故障隐患。例如，定期检查电缆的绝缘层、测试线路的电气性能等，以确保线路的正常工作。

（9）建立高效的故障处理流程：制定详细的故障处理流程，确保在出现故障时能够迅速响应并采取有效的处理措施。高效的故障处理流程可以提高通信电路的恢复速度和可靠性。

（10）提高人员素质：加强人员培训和技能提升，提高维护和管理人员的专业水平。通过定期培训和交流活动，使人员能够更好地应对各种通信电路故障和维护问题。

综上所述，通信电路的常见故障会对通信质量产生不良影响。为了确保通信的稳定性和可靠性，应采取多种措施来减小故障对通信质量的影响。通过定期维护、备份与冗余设计、强化电磁防护、软件更新与安全防护、建立故障应急响应机制、提高用户安全意识、建立完善的监控系统、加强预防性维护、建立高效的故障处理流程以及提高人员素质等方面的措施，可以有效地减少故障的发生并降低故障对通信质量的影响。在未来的发展中，随着技术的不断进步和应用需求的不断提高，我们需要继续关注和研究新的技术和方法，以进一步提高通信电路的可靠性和稳定性。

第三节　通信电路故障诊断与维修方法

一、通信电路故障的诊断方法

通信电路故障是影响通信质量的关键因素，因此快速准确地诊断故障是保障通信稳定运行的重要环节。下文将重点介绍通信电路故障的常见诊断方法，以期为相关领域的从业人员提供参考。

（一）通信电路故障概述

通信电路故障是指通信设备、线路、电源等出现异常，导致通信质量下降或通信中断的现象。常见的故障类型包括电源故障、线路故障、设备故障、软件故障和电磁干扰等。这些故障可能由设备老化、环境因素、人为操作失误等多种原因引起。

（二）通信电路故障诊断方法

1.观察法

观察法是通过观察通信设备的外观、指示灯状态等来判断故障的方法。例如，检查设备的电源是否正常、线缆是否连接牢固、设备是否有明显的物理损伤等。观察法简单易行，但对操作者的经验要求较高。

2.听诊法

听诊法是通过听取通信设备运行时的声音来判断故障的方法。例如，听设备的风扇、硬盘等部件的运行声音，判断是否存在异常。听诊法需要操作者具备一定的经验和对设备声音的熟悉度。

3.触摸法

触摸法是通过触摸通信设备的外壳、散热片等来判断温度是否异常的方法。如果设备温度过高，可能是由于过载、散热不良等原因引起的故障。触摸法需要操作者具备一定的经验和手感。

4.替换法

替换法是通过替换可能存在故障的部件来判断故障的方法。例如，更换可疑的线缆、模块等部件，观察是否能够恢复正常通信。替换法适用于定位具体故障部件的情况，但需要备件支持。

5.仪表法

仪表法是通过使用各种测量仪表来检测通信电路中的电压、电流、电阻、电容等参数，通过与正常值比较来判断故障的方法。例如，使用万用表检测线路的通断、使用示波器观察信号波形等。仪表法准确度高，但对操作者的技能要求较高。

6.经验法

经验法是根据操作者长期从事通信电路维护的经验，通过分析故障现象、原因等来判断故障的方法。经验法需要操作者具备丰富的实践经验和理论知识，能够快速准确地定位故障并采取相应措施。

7.数据分析法

数据分析法是通过分析通信系统中的数据流量、误码率、信噪比等参数，判断通信质量是否正常的方法。例如，通过分析网络流量数据，可以发现网络拥堵、恶意攻击等问题。数据分析法需要相应的软件和硬件支持，以及对数据的深入分析能力。

8.专家系统法

专家系统法是利用专家知识库和推理引擎来诊断通信电路故障的方法。通过专家系统的分析和判断，能够快速定位故障原因并提供相应的解决方案。专家系统法需要建立完善的知识库和推理引擎，并不断更新和维护。

（三）通信电路故障诊断流程

（1）收集信息：通过观察、听诊、触摸等方法收集故障现象和相关信息。

（2）分析信息：根据经验、理论知识等对收集到的信息进行分析，初步判断故障原因和部位。

（3）制定方案：根据分析结果制定相应的故障诊断方案，选择合适的诊断方法。

（4）实施方案：按照诊断方案进行操作，获取相关数据和信息。

（5）评估结果：对获取的数据和信息进行比较和分析，判断是否找到故障原因。

（6）调整方案：如果未能找到故障原因，需调整诊断方案并重新实施；如果找到故障原因，则进行相应的修复和预防措施。

（7）记录与反馈：将整个诊断过程和结果进行记录，总结经验教训，为今后的工作提供参考和借鉴。同时，及时反馈问题和改进意见，促进团队整体水平的提升。

通信电路故障诊断是保障通信稳定运行的关键环节，需要采取多种方法快速准确地定位和解决问题。下文介绍了观察法、听诊法、触摸法、替换法、仪表法、经验法、数据分析法和专家系统法等多种诊断方法，并给出了相应的流程和建议。随着技术的不断发展和进步，未来通信电路故障诊断将更加智能化和自动化，需要我们不断更新知识和技能，跟上时代的步伐。同时，也需要加强团队协作和交流，共同提高故障诊断的能力和水平，为保障通信稳定运行做出更大的贡献。

二、通信电路的维修技术与技巧

在通信领域，电路的稳定性和可靠性对于保障通信质量至关重要。然而，由于各种原因，通信电路可能会出现故障，此时维修技术与技巧便显得尤为重要。下文将重点探讨通信电路的维修技术与技巧，以期为相关从业人员提供有益参考。

（一）通信电路常见故障及原因分析

通信电路的故障类型多种多样，但常见的问题主要集中在以下几个方面：电源故障、线路故障、设备故障、软件故障和电磁干扰等。这些故障可能是由于设备老化、环境因素、人为操作失误或其他未知原因造成的。

（二）通信电路维修基本原则

（1）先分析后维修：在维修前，应先对故障现象进行详细分析，了解可能的故障原因，再制定相应的维修方案。

（2）先软件后硬件：软件故障相对于硬件故障更容易解决，因此应先排除软件故障的可能性。

（3）先外设后主机：外部设备相对于主机更容易检查和更换，应先检查外部设备是否正常。

（4）先电源后负载：电源故障可能导致负载设备出现问题，应先检查电源是否正常。

（5）先简单后复杂：对于同时出现多个故障的情况，应先处理简单、明显的故障，再处理复杂的故障。

(三)通信电路维修技术与技巧

(1)观察法：通过观察设备的外观、指示灯状态等来判断故障原因。例如，检查设备的电源是否正常、线缆是否连接牢固、设备是否有明显的物理损伤等。

(2)听诊法：通过听取设备运行时的声音来判断故障原因。例如，听设备的风扇、硬盘等部件的运行声音，判断是否存在异常。

(3)触摸法：通过触摸设备的外壳、散热片等来判断温度是否异常。如果设备温度过高，可能是由于过载、散热不良等原因引起的故障。

(4)替换法：通过替换可能存在故障的部件来判断故障原因。例如，更换可疑的线缆、模块等部件，观察是否能够恢复正常通信。替换法适用于定位具体故障部件的情况，但需要备件支持。

(5)仪表法：使用各种测量仪表来检测通信电路中的电压、电流、电阻、电容等参数，通过与正常值比较来判断故障原因。例如，使用万用表检测线路的通断、使用示波器观察信号波形等。仪表法准确度高，但对操作者的技能要求较高。

(6)经验法：根据操作者长期从事通信电路维护的经验，通过分析故障现象、原因等来判断故障原因。经验法需要操作者具备丰富的实践经验和理论知识，能够快速准确地定位故障并采取相应措施。

(7)数据分析法：通过分析通信系统中的数据流量、误码率、信噪比等参数，判断通信质量是否正常。例如，通过分析网络流量数据，可以发现网络拥堵、恶意攻击等问题。数据分析法需要相应的软件和硬件支持，以及对数据的深入分析能力。

(8)预防性维护：为了减少通信电路的故障率，应定期进行预防性维护。这包括检查线路是否老化或损伤、设备是否过热、软件是否需要更新等。通过定期维护，可以提前发现并解决潜在问题，确保通信电路的稳定运行。

(9)备件储备：为了缩短维修时间，应储备常用备件。这样在维修时可以迅速更换故障部件，恢复通信电路的正常运行。

(10)培训与学习：维修人员应不断学习和掌握新技术、新方法。通过参加培训课程、阅读专业书籍和文献，了解最新的维修技术和行业动态，提高自身的技能水平。

（11）记录与反馈：维修后应记录故障现象、原因及维修方法。这样有利于总结经验教训和为将来的维修工作提供参考。同时，及时反馈问题和改进意见，促进团队整体水平的提升。

（12）安全第一：在维修过程中，始终牢记安全第一的原则。遵守安全操作规程，避免因操作不当引发安全事故。例如，在维修高压设备时，务必佩戴防护用品并确保工作区域的安全措施到位。

通信电路的维修技术与技巧是保障通信稳定运行的重要环节。为了快速准确地定位和解决问题，维修人员需要掌握多种诊断方法和技巧，包括观察法、听诊法、触摸法、替换法、仪表法、经验法、数据分析法等。同时，还应注重预防性维护和培训学习等方面的技能提升。随着技术的不断发展和进步，未来通信电路的维修将更加智能化和自动化。因此，我们需要不断更新知识和技能，跟上时代的步伐。加强团队协作和交流也是提升维修水平和效率的重要途径。

第六章　无线电电路故障诊断与维修

第一节　无线电电路的故障类型与表现

一、无线电电路的常见故障及其原因

无线电电路在通信、广播、电视等领域广泛应用。然而，由于无线电信号传输的特性，无线电电路可能会出现多种故障。下文将重点探讨无线电电路的常见故障及其原因，以期为相关从业人员提供有益参考。

（一）无线电电路常见故障

（1）信号接收不良：接收到的信号强度弱、质量差，可能出现通信中断或数据传输错误。

（2）干扰问题：包括自身干扰（如设备间的相互干扰）和外部干扰（如雷电、电气设备等）。

（3）失真问题：信号在传输过程中出现畸变，导致音质不佳或图像失真。

（4）稳定性问题：设备性能不稳定，可能出现频繁的信号丢失或接收质量波动。

（5）硬件故障：如天线损坏、传输线缆老化、接收设备故障等。

（6）软件故障：如固件错误、控制程序错误等。

（二）常见故障原因分析

（1）环境因素：无线电信号传输易受环境因素的影响，如建筑物、地形、天气等。这些因素可能导致信号遮挡、反射、折射等，影响信号的正常传输。

（2）设备质量问题：设备自身的性能参数不稳定、元器件老化或质量不达标，可能导致信号接收不良或干扰问题。

（3）电磁干扰：其他无线电设备、电气设备的电磁辐射可能对无线电电路

造成干扰。此外，雷电等自然现象也可能引发电磁干扰。

（4）操作不当：用户在使用过程中，如设置参数不当、使用不合适的天线等，可能导致信号传输出现问题。

（5）维护不足：设备长期运行未进行适当的维护，可能导致线路老化、设备性能下降等问题。

（6）非法使用：某些非法设备可能干扰无线电频段，影响合法用户的正常使用。

（7）容量问题：在某些高密度地区，无线电频段容量超出设计容量，可能导致信号拥堵和接收不良。

（8）传输速率过高：对于某些无线电设备，传输速率设置过高可能导致信号失真或稳定性问题。

（9）法规政策影响：不同地区和国家的无线电管理法规可能对无线电电路的正常运行产生影响。例如，频段分配、功率限制等规定可能限制无线电设备的性能和传输距离。

（10）网络安全问题：随着无线网络的发展，网络安全问题日益突出。恶意攻击、病毒传播等网络安全威胁可能对无线电电路造成干扰或破坏。

（11）未经授权的频段使用：某些设备可能未经授权使用特定的无线电频段，导致频段拥堵和干扰问题。

（12）硬件故障：设备内部的硬件组件可能出现故障，如电源故障、元件老化等，导致整个设备性能下降或信号传输问题。

（13）软件缺陷：软件在设计和实现过程中可能存在缺陷或漏洞，这些缺陷可能引发各种问题，如程序崩溃、数据丢失或被篡改等。

（14）人为破坏：人为故意损坏或盗窃设备可能导致无线电电路无法正常运行。

（15）过载问题：在某些情况下，无线电设备可能面临过载问题，如信号过强导致接收设备无法正常处理，从而引发信号失真或稳定性问题。

（16）不当配置：设备的配置参数设置不当，可能导致信号接收不良、误码率增加等问题。

（17）不兼容问题：不同品牌或型号的无线电设备可能存在兼容性问题，导致信号传输受阻或通信中断。

（18）天线问题：天线是无线电电路的重要组成部分，其性能直接影响信号的传输质量。天线故障、配置不当或老化都可能导致信号接收不良或干扰问题。

（19）数据拥堵：在数据传输量大的情况下，如果数据拥堵严重，可能会导致信号丢失或延迟。

（20）电源不稳定：电源波动可能对无线电设备的正常工作产生影响，如电压突然下降或电源中断可能影响设备的性能和稳定性。

（21）缺乏维护：长时间未进行适当的维护和保养，可能导致设备性能下降或出现故障。

（22）使用不当：用户在操作过程中可能存在误操作或不规范操作，导致设备损坏或性能下降。

（23）其他干扰源：其他类型的电磁干扰源可能对无线电电路造成影响，如高压线、电动机等工业设备产生的电磁噪声。

（24）不规范施工：在安装和维护过程中，如果不按照规范进行施工，可能导致线路损坏、连接不良等问题。

二、故障对无线电设备性能的影响

无线电设备广泛应用于各个领域，如通信、广播、电视等。然而，由于各种原因，无线电设备可能会出现故障，这些故障可能会对其性能产生显著影响。下文将重点探讨故障对无线电设备性能的影响，以期为相关从业人员提供有益参考。

（一）信号传输质量下降

无线电设备的主要功能是传输信号。当设备出现故障时，最直接的影响是信号传输质量下降。这可能导致信号强度减弱、信号失真或信号丢失等问题。这些问题可能导致通信不清晰、音质变差、图像模糊或数据传输错误等现象。

（二）稳定性下降

无线电设备故障也可能导致设备的稳定性下降。这表现为设备在运行过程中出现频繁的信号丢失、中断或接收质量波动。这种不稳定性可能对用户造成困扰，降低设备的用户体验，甚至可能导致重要的通信或数据传输任务失败。

（三）干扰问题加剧

无线电设备故障还可能加剧干扰问题。一方面，设备故障可能产生自身的干扰信号，这些信号可能对其他设备的正常工作造成影响。另一方面，故障设备可能无法正常滤除外部干扰信号，导致干扰问题更加严重。这可能进一步恶化无线电频段的噪声污染，影响其他合法用户的正常使用。

（四）资源浪费与经济损失

无线电设备故障可能导致资源浪费和经济损失。一方面，维修或更换故障设备需要投入额外的人力和物力，增加了运营成本。另一方面，设备故障可能导致通信中断或数据丢失，给企业和个人带来经济损失。此外，长期的性能下降和频繁的故障可能影响设备的寿命，导致过早地更换设备，造成资源浪费。

（五）安全风险增加

无线电设备故障可能增加安全风险。一方面，设备故障可能导致敏感信息泄露，如通话内容、数据传输内容等被截获或窃听。另一方面，设备故障可能导致控制功能失效，如远程控制指令无法正常下达，这可能影响安全相关的操作。此外，一些非法设备或软件可能利用设备故障进行恶意攻击，如网络病毒传播、拒绝服务攻击等。

（六）法律与合规风险

无线电设备的故障还可能带来法律与合规风险。例如，在某些国家和地区，无线电设备的生产和使用需要符合特定的法规和标准。如果设备故障导致信号干扰或其他违规行为，可能面临法律责任和罚款。此外，对于公共安全相关的无线电设备，如应急通信系统，故障可能导致在紧急情况下无法正常使用，这可能违反相关的法规和标准。

（七）降低用户体验和信任度

无线电设备故障还可能对用户体验和信任度产生负面影响。用户对无线电设备的依赖度很高，期望设备的稳定性和可靠性。如果设备频繁出现故障，可能导致用户对设备及其制造商的信任度降低，影响品牌形象和市场竞争力。此外，用户体验的降低可能促使用户考虑其他替代方案，从而流失潜在客户。

第二节 故障定位与诊断方法

一、使用专业检测工具进行故障定位

在无线电电路的故障定位中,专业检测工具发挥着至关重要的作用。这些工具能够帮助工程师和技术人员快速、准确地识别和定位故障,从而提高维修效率和电路的正常运行时间。下文将详细探讨如何使用专业检测工具对无线电电路进行故障定位。

(一)专业检测工具的类型

(1)频谱分析仪:频谱分析仪是无线电电路故障定位中常用的重要工具。它能够测量信号的频率、幅度和带宽,从而帮助工程师确定电路中是否存在异常信号。通过分析信号频谱,可以识别干扰、失真或静音等问题。

(2)示波器:示波器用于捕捉和显示电压随时间的变化。在无线电电路中,示波器可以用来检测信号的波形,查看是否有异常的峰值或谷值出现。

(3)信号发生器:信号发生器能够生成特定频率和幅度的信号,用于测试无线电电路的输入端。通过将已知的信号输入电路,可以检测输出信号是否正常,从而判断故障所在。

(4)电压表和电流表:电压表和电流表用于测量电路中的电压和电流。通过比较正常工作状态下的电压和电流值,可以判断是否存在电源故障或其他相关问题。

(5)网络分析仪:网络分析仪能够测量无线电电路的传输特性,如阻抗、增益和相位。通过分析这些参数,可以诊断诸如阻抗不匹配、信号失真等问题。

(二)使用专业检测工具进行故障定位的步骤

(1)初步检查:首先,对无线电电路进行初步目视检查,查看是否有明显的物理损坏,如烧焦、断裂或缺失的元件。同时,检查连接器和电缆是否松动或损坏。

(2)电源检查:使用电压表检查电路的电源是否正常。确保电压在规定范围内,同时检查电流是否在正常范围内。电源故障可能导致电路无法正常工作。

（3）使用频谱分析仪：将频谱分析仪连接到无线电电路的输出端，观察信号频谱。查找异常信号，如干扰、失真或静音。这些异常可能指示故障的存在。

（4）使用示波器：将示波器连接到相关电路的输入和输出端，观察信号波形。比较输入和输出波形，查找波形畸变或异常峰值。这些变化可能指示电路内部的故障。

（5）使用信号发生器和网络分析仪：通过将信号发生器连接到电路的输入端，并使用网络分析仪测量传输特性，可以评估电路的性能。根据测量的参数（如阻抗、增益和相位），判断是否存在阻抗不匹配、信号失真等问题。

（6）逻辑分析：对于数字无线电电路，可以使用逻辑分析仪来捕捉和分析信号的状态变化。通过查看数据流，可以识别逻辑错误、时序问题或异常状态。

（7）软件诊断：对于集成有微处理器的无线电设备，软件层面的故障也可能导致性能问题。使用相关软件和调试工具进行诊断，查看是否有程序错误、内存泄漏或其他软件问题。

（8）综合分析：综合分析各种检测工具的测量结果，结合电路的工作原理和经验，推断可能的故障原因。考虑元件老化、环境因素、使用年限等因素，以便更准确地定位故障位置。

（9）验证与修复：根据推断的故障原因，进行修复或更换元件等操作。验证故障是否被排除，设备性能是否恢复正常。如果故障仍然存在，重新进行故障定位过程并调整维修策略。

（10）记录与报告：详细记录整个故障定位过程、使用的工具和测量结果。整理成详细的报告，以供未来参考和学习。同时，及时更新维护记录和文档，以确保设备的可维护性和可靠性。

（三）专业检测工具的使用要点

（1）熟悉工具操作：使用专业检测工具前，应熟悉每种工具的操作方法和注意事项，以避免误操作或损坏工具。

（2）选择适当的工具：根据具体的故障现象和性质选择合适的检测工具。不同的工具适用于不同的故障类型和情况。

（3）定期校准和维护：确保专业检测工具的准确性和可靠性，定期进行校准和维护。这有助于提高故障定位的准确性和可靠性。

（4）参考技术资料和手册：在使用专业检测工具时，参考相关的技术资料和手册，了解工具的最佳实践和规范操作流程。这有助于更有效地使用工具并获得准确的结果。

（5）培训和学习：不断参加培训和学习课程，了解最新的专业检测工具和技术的发展动态。保持更新的知识和技能对于提高故障定位效率至关重要。

（6）团队合作与沟通：在团队环境中使用专业检测工具时，良好的沟通和协作至关重要。确保每个成员了解任务目标、工具使用方法和期望的结果，以便更高效地进行故障定位。

（7）预防性维护：除了故障定位，专业检测工具还可以用于预防性维护。定期使用工具检查设备的性能，可以及早发现潜在问题，避免故障的发生，从而提高设备的整体可靠性。

（8）工具的局限性：虽然专业检测工具非常强大，但它们也有局限性。它们只能提供设备性能的某些方面信息，可能无法诊断所有可能的故障。因此，除了使用工具外，还需要其他诊断技巧和经验。

（9）安全考虑：在某些情况下，无线电电路可能包含高电压或大电流，使用专业检测工具时必须格外小心。确保遵循安全规定，采取适当的防护措施，以防止意外事故发生。

（10）法律法规遵守：在某些地区，无线电频谱的使用受到严格的法律和法规限制。在进行无线电电路故障定位时，必须遵守所有相关的法律和法规，确保合法使用和操作。

二、根据经验进行故障诊断

（一）背景与意义

无线电电路在现代通讯、广播、雷达、导航等领域中发挥着至关重要的作用。然而，由于其复杂性和多样性，无线电电路的故障诊断和排除常常面临诸多挑战。传统的故障诊断方法往往依赖于专业人员的经验和技术水平，但这种方式效率较低，且容易受到人为因素的影响。因此，基于经验的故障诊断方法成了研究热点。下文旨在深入探讨如何根据经验对无线电电路进行故障定位与排除，以提高故障诊断的准确性和效率。

（二）相关文献综述与现状

近年来，许多专家和学者针对无线电电路的故障诊断进行了深入研究。提出了一种基于信号分析的故障诊断方法，通过分析电路的输入输出信号，判断故障类型和位置。采用神经网络技术进行故障诊断，通过训练神经网络识别不同的故障模式。然而，这些方法往往需要大量的数据和计算资源，且对于某些复杂故障的识别效果不佳。因此，基于经验的故障诊断方法因其快速、简便、准确的特点而受到青睐。

（三）研究内容

下文首先总结了常见的无线电电路故障类型，包括元件损坏、线路断裂、参数漂移等。然后，通过案例分析，详细介绍了如何根据经验对这些故障进行定位和排除。

（1）元件损坏：元件损坏是无线电电路中最常见的故障之一。经验表明，元件损坏通常会导致电路性能下降或完全失效。通过观察元件外观、测量元件参数等方法，可以快速定位损坏元件，并进行更换。例如，在某次故障诊断中，技术人员发现接收信号强度降低，通过逐一排查元件，发现是某放大器元件损坏导致信号放大不足。更换放大器后，问题得到解决。

（2）线路断裂：线路断裂往往导致信号传输中断或性能下降。经验表明，线路断裂通常发生在经常弯曲或移动的线路上。通过检查线路外观、测量线路电阻等方法，可以快速定位断裂线路。例如，在某次故障诊断中，技术人员发现发射信号无法传输，通过检查线路，发现是连接调制器的线路断裂。重新焊接线路后，发射信号恢复正常。

（3）参数漂移：参数漂移是指电路元件的参数值发生变化，导致电路性能不稳定或失效。经验表明，参数漂移通常与温度、湿度等环境因素有关。通过定期检查元件参数、调整电路参数等方法，可以预防或纠正参数漂移故障。例如，在某次故障诊断中，技术人员发现接收信号质量不稳定，通过检查元件参数和环境因素，发现是某电阻值发生了漂移。调整电阻值后，接收信号质量恢复正常。

第三节 无线电电路的维修与调试技巧

一、无线电电路的维修步骤

无线电电路的维修是保障设备正常运行的重要环节。为了确保维修工作的高效性和准确性，需要遵循一系列规范和步骤。下面将详细介绍无线电电路的维修步骤，以帮助维修人员更好地进行工作。

（一）准备工作

在开始维修之前，首先要做好充分的准备工作。这包括了解设备的型号、规格和电路原理图等信息，以便更好地理解设备的结构和功能。同时，要准备好必要的工具和材料，如螺丝刀、焊台、测试仪器等，以确保维修工作的顺利进行。

（二）外观检查

在进行任何维修操作之前，首先要对设备进行外观检查。检查设备的外观是否完好，有无明显的物理损坏，如裂缝、烧痕等。同时，要检查设备的各个部件是否完好，有无缺失或损坏。通过外观检查，可以初步判断设备是否存在明显的故障。

（三）电源检查

电源是无线电设备正常工作的关键因素。因此，在进行维修时，要特别注意电源的检查。要检查电源线的连接是否牢固，电源插头是否完好，无破损或松动。同时，要使用万用表测量电源电压是否正常，以确保电源供给没有问题。

（四）电路测试

在进行维修时，需要对电路进行测试，以确定故障的具体位置和性质。可以使用测试仪器对电路的关键点进行电压、电流和电阻等参数的测量。同时，要观察信号波形是否正常，以判断电路是否正常工作。通过测试，可以初步判断出故障的原因和位置。

（五）故障诊断

在测试的基础上，需要进行进一步的故障诊断。根据测试结果和电路原理图等信息,分析故障的可能原因和位置。可以采用逐一排除法等方法进行故障诊断,以确定故障的具体位置和性质。同时,要注意安全操作,避免因操作不当导致故障扩大或造成其他问题。

(六)修复措施

在确定故障原因后,需要采取相应的修复措施。根据故障类型和严重程度,可能的修复措施包括更换损坏元件、修复断裂线路、调整电路参数等。在实施修复措施时,需要严格遵守操作规程,确保安全可靠。同时,应关注环境保护和资源利用,减少不必要的浪费。在修复过程中,如果遇到困难或问题,可以寻求专业人员的帮助和支持。

(七)后期测试

修复完成后,必须进行全面的后期测试,以确保无线电电路恢复正常工作状态。测试内容包括功能测试、性能测试和稳定性测试等。通过实际运行和观察各项指标,可以验证维修效果,并及时发现潜在问题,进一步优化维修过程。在功能测试中,需要逐一测试电路的各个功能模块,确保其正常工作。在性能测试中,需要测试电路的关键性能参数,如灵敏度、抗干扰能力等,以确保其满足设计要求。在稳定性测试中,需要模拟各种恶劣的工作环境和工作条件,以检验电路的稳定性和可靠性。通过后期测试,可以发现并解决潜在的问题,提高维修质量。

(八)记录与总结

在完成无线电电路的维修后,应对整个维修过程进行记录与总结。记录内容包括故障现象、故障原因、修复措施和测试结果等。总结经验教训,对于提高维修效率和技能水平具有重要意义。同时,记录与总结还可以为今后的维修工作提供参考和借鉴。通过不断的实践和学习,维修人员的技能水平和专业素质将得到提高,能够更好地应对各种维修任务。

(九)预防性维护

除了应对故障的维修外,预防性维护也是保持无线电设备良好工作状态的重要措施。预防性维护包括定期检查设备的运行状况、清洁设备表面和内部部件、更换磨损元件等措施。通过预防性维护,可以及时发现潜在问题并采取措施加以解决，避免设备出现故障或性能下降的情况发生。

（十）培训与交流

为了提高维修效率和技能水平，维修人员应不断参加培训和学习活动。可以通过参加专业培训班、研讨会等方式学习新知识、新技能和新工具的使用方法等。同时，与其他维修人员的交流和分享经验也是提高技能水平的重要途径之一。通过交流和分享经验教训可以相互学习、相互促进、共同提高维修水平和服务质量等方面的能力水平。

二、调试技巧与注意事项

无线电电路的调试是维修过程中的关键环节，它直接关系到维修质量和设备性能。为了确保调试工作的顺利进行，下文将介绍一些实用的调试技巧和注意事项。

（一）调试技巧

1.逐步逼近法

逐步逼近法是一种常用的调试技巧，它通过逐步缩小故障范围来定位问题所在。首先，可以测试整个系统是否正常工作，然后逐步缩小测试范围，直到找到问题所在。这种方法需要耐心和细致，但非常有效。

2.替换法

替换法是通过替换可能存在问题的部件来排查故障的方法。如果怀疑某个部件有问题，可以用一个已知正常工作的部件进行替换，看看问题是否解决。这种方法比较简单直接，但需要确保替换的部件是正常的。

3.观察法

观察法是通过观察设备的外观、声音、气味等方面来判断是否存在故障的方法。例如，如果设备出现异常声音或气味，可能表明内部有元件烧毁。这种方法虽然不够精确，但有时可以快速发现问题所在。

4.逻辑分析法

逻辑分析法是通过分析电路的逻辑关系来判断故障的方法。如果电路中存在逻辑关系错误，可以采用逻辑分析法进行排查。这种方法需要深入理解电路的工作原理和逻辑关系。

（二）注意事项

1.安全第一

在进行调试时，一定要确保设备处于安全状态，避免造成人员伤亡和设备损坏。应先断开电源，确保设备不会突然启动或产生危险。同时，要注意防止静电对电子元件造成损坏。

2.熟悉电路原理图

在进行调试之前，一定要熟悉电路原理图，了解电路的工作原理和信号流程。这样可以帮助你更好地理解故障现象和原因，快速定位问题所在。

3.测试仪器正确使用

在调试过程中，需要使用各种测试仪器进行测量和分析。一定要正确使用测试仪器，避免因操作不当导致测量结果不准确或损坏测试仪器。同时，要注意仪器的安全使用方法和保养维护。

4.避免干扰

在进行调试时，要避免外界干扰对测试结果的影响。例如，周围的电磁场、电源波动等都可能对测试结果造成影响。因此，应尽量减少外界干扰的影响，确保测试结果的准确性。

5.记录与分析

在调试过程中，一定要记录测试结果和故障现象等信息，并对这些信息进行分析和总结。这样可以帮助你更好地理解故障原因和规律，提高调试效率和质量。同时，记录的信息也可以作为今后维修工作的参考和借鉴。

6.遵守操作规程

在进行调试时，一定要遵守操作规程和安全规范，避免因操作不当导致设备损坏或人员伤亡。同时，要注意环保和资源利用，减少不必要的浪费和污染。

第七章 故障预防与维护

第一节 故障预防与维护的重要性和效益

一、预防性维护的意义

随着科技的飞速发展，电子设备已经成为我们日常生活和工作中不可或缺的一部分。而电子电路作为电子设备的核心组件，其正常运行对于设备的性能和安全性至关重要。然而，由于各种因素的影响，电子电路可能会出现各种故障。为了确保电子设备的稳定性和可靠性，进行电子电路故障预防性维护具有深远的意义。下文将详细探讨电子电路故障预防性维护的重要性、必要性和实施方法。

（一）预防性维护的重要性

电子电路的故障可能会导致设备性能下降、安全风险增加以及生产成本的增加等问题。因此，进行电子电路故障预防性维护可以带来以下好处。

（1）提高设备可靠性：通过定期检查和维护电子电路，可以及时发现并解决潜在的问题，从而提高设备的可靠性。

（2）延长设备寿命：适当的预防性维护可以降低电子电路故障的发生率，从而延长设备的整体寿命。

（3）降低维修成本：相比于发生故障后再进行维修，预防性维护的成本更低。同时，及时的维护可以避免设备突发故障导致的生产中断和重大损失。

（4）提高生产效率：稳定的电子设备可以保证生产的连续性，从而提高生产效率。

（5）保障人员安全：对于一些涉及人身安全的电子设备，如医疗设备、交通工具等，预防性维护是确保人员安全的必要措施。

（二）预防性维护的必要性

由于电子电路的复杂性、多样性和工作环境的多变性，故障的发生在所难免。然而，通过科学的预防性维护，我们可以减少故障的发生率。以下是进行电子电路故障预防性维护的必要性。

（1）减少意外停机时间：通过定期的预防性维护，可以及时发现并解决潜在问题，从而减少因突发性故障导致的意外停机时间。

（2）避免连锁反应：某些电子电路的故障可能会引发连锁反应，导致整个系统崩溃。有效的预防性维护可以提前发现并解决这些潜在问题。

（3）提高员工意识：通过实施预防性维护策略，可以提高员工对设备维护的重视程度，增强其责任感和工作积极性。

（4）优化资源配置：预防性维护有助于预测设备维修的需求，从而合理安排人力和物力资源，避免资源的浪费。

（5）促进技术更新：预防性维护过程中可能会发现新技术或新方法在设备维护中的潜在应用价值，从而促进技术的更新和发展。

（三）预防性维护的实施方法

为了确保电子电路故障预防性维护的有效性，我们需要采取一系列的实施方法。以下是一些关键的步骤和措施。

（1）制定维护计划：根据电子电路的类型、工作环境和使用频率等因素，制定合理的维护计划。计划应包括维护周期、检查项目和操作流程等内容。

（2）建立维护档案：为每一种电子电路建立详细的维护档案，记录每次维护的时间、内容、发现的问题及处理方法等信息。这有助于跟踪设备的状态和评估维护效果。

（3）培训专业人员：对负责电子电路维护的人员进行专业培训，确保他们具备相应的技能和知识，能够准确地进行故障诊断和预防性维护操作。

（4）定期检查与测试：按照维护计划定期对电子电路进行详细的检查和测试，包括外观检查、性能测试和参数测量等。及时发现并处理异常情况。

（5）使用合适的工具与技术：选用合适的检测工具和技术对于电子电路的预防性维护至关重要。使用高效、准确的测试设备和仪器能够提高故障诊断的准确性和维修效率。

（6）优化设备布局与设计：在设备设计和布局阶段充分考虑预防性维护的

需求。合理分布电子元件、易于接近的维修端口和明确的标识都有助于日后维护工作的便捷性。

（7）强化与生产部门的沟通与协作：确保生产部门了解预防性维护的重要性，并积极配合维护部门的工作。及时反馈设备运行状况和异常情况，共同保障设备的稳定运行。

（8）引入智能化技术：利用现代智能化技术如传感器、数据分析和人工智能等手段进行远程监控和维护，提高预防性维护的效率和准确性。

（9）持续改进与优化：根据实际维护情况和设备性能变化，持续改进和优化预防性维护策略。不断学习新的技术和方法，提高维护水平。

（10）建立应急响应机制：为可能出现的突发故障或意外情况建立应急响应机制，包括快速响应流程、备用设备和紧急维修团队等，确保在紧急情况下能够迅速恢复设备的正常运行。

综上所述，电子电路故障预防性维护对于确保电子设备的正常运行、提高生产效率和保障人员安全具有不可替代的作用。通过实施有效的预防性维护策略和方法，我们能够大大降低电子电路故障的发生率，延长设备使用寿命，节约维修成本并提高企业的整体效益。在未来的发展中，随着技术的不断进步和应用领域的不断拓展，电子电路故障预防性维护的重要性和必要性将更加凸显。因此，我们必须不断更新和维护

二、预防性维护的效益

随着科技的快速发展，电子设备在各个领域的应用越来越广泛，电子电路的正常运行对于设备的性能和安全性至关重要。然而，由于各种因素的影响，电子电路可能会出现各种故障。为了确保电子设备的稳定性和可靠性，进行电子电路故障预防性维护具有深远的意义。下文将详细探讨电子电路故障预防性维护的效益，以进一步强调其重要性。

（一）提高设备运行效率

通过预防性维护，可以确保电子电路始终处于良好的工作状态，避免了因电路故障导致的设备性能下降。这不仅提高了设备的运行效率，还降低了因故

障导致的生产停滞和效率降低的成本。在连续生产的环境中，如工厂或生产线，电子设备的稳定运行对于保持生产线的顺畅至关重要。

（二）延长设备使用寿命

适当的预防性维护可以降低电子电路故障的发生率，从而延长设备的整体寿命。通过定期检查和维护，可以及时发现并修复潜在的问题，避免小问题累积导致的大故障。这不仅减少了更换昂贵部件的成本，而且节省了因过早更换设备而产生的额外费用。

（三）降低维修成本

预防性维护的最大的益处之一是降低维修成本。相比于故障发生后的维修或更换，预防性维护的成本要低得多。而且，及时的维护可以避免设备突发故障导致的生产中断和重大损失。通过定期检查，可以预测可能出现的故障并采取相应的措施，避免了突发故障带来的高昂维修费用。

（四）提高生产安全

对于一些涉及人身安全的电子设备，如医疗设备、交通工具等，预防性维护是确保人员安全的必要措施。通过预防性维护，可以及时发现潜在的安全隐患，避免因电路故障导致的人身伤害或财产损失。此外，稳定的电子设备可以保证生产的连续性，从而提高生产安全。在生产环境中，设备的稳定性和安全性是至关重要的，可以避免因设备故障导致的生产事故和经济损失。

（五）提高企业竞争力

对于企业而言，电子电路故障预防性维护有助于提高企业的竞争力。首先，稳定的电子设备可以保证生产的连续性和效率，从而提高企业的生产效益。其次，通过预防性维护降低维修成本和延长设备使用寿命，可以为企业节省大量的运营成本。此外，企业的声誉和客户信任度也会得到提升，因为稳定的设备性能可以增加客户对企业的信心和忠诚度。在竞争激烈的市场环境中，企业的竞争力至关重要。一个拥有稳定、高效设备的的企业更有可能赢得市场份额和客户的信任。

（六）提升员工技能与意识

电子电路故障预防性维护的实施还可以提高员工的技能和维护意识。通过参与预防性维护工作，员工能够积累有关电子电路的知识和技能，提高对设备性能和故障诊断的能力。同时，员工对设备维护的重视程度也会增强，形成良好的维护意识和责任感。在未来的技术更新和发展中，具备相关技能的员工将能够更好地适应新的维护需求和技术挑战。

（七）促进企业可持续发展

预防性维护不仅有助于企业的短期运营效益，还对其可持续发展产生积极影响。通过降低设备故障率和提高运行效率，企业能够减少对环境的影响并降低能源消耗。这符合可持续发展的理念，有助于企业在长期发展中保持竞争优势和良好声誉。在环保意识日益增强的社会背景下，企业的可持续发展能力对于其长期成功至关重要。

（八）优化资源配置

预防性维护策略有助于企业更合理地分配资源。通过对设备的状态进行监测和分析，企业可以预测未来的维护需求和资源需求量。这使得企业能够提前规划并合理安排人力、物力和财力资源，避免资源的浪费或短缺情况的发生。优化资源配置有助于提高企业的运营效率和资源利用效率。

（九）创新与技术进步

预防性维护过程中可能会发现新技术或新方法在设备维护中的潜在应用价值。这为企业提供了创新的机会，推动技术的更新和发展。通过不断探索和实践新的维护技术和方法，企业能够保持与时俱进并提升自身的技术水平。这不仅能够提高设备的维护效果，还有助于企业在市场竞争中占据优势地位。

综上所述，电子电路故障预防性维护为企业带来了多方面的效益，从提高设备运行效率、降低维修成本到促进企业可持续发展和创新等。这些效益不仅有助于企业的短期运营效益，还对其长期发展产生积极的影响。因此，企业应重视电子电路故障预防性维护的实施，制定合理的维护计划和策略，确保设备的稳定、高效运行并提升企业的整体竞争力。在未来的发展中，随着技术的不断进步和应用领域的不断拓展，电子电路故障预防性维护的效益将更加显著。

第二节 电子电路故障的预防措施

一、提高设计可靠性与安全性

随着科技的快速发展,电子设备已经深入到各个领域,与人们的日常生活和工作紧密相连。然而,电子设备在运行过程中可能会遇到各种故障,其中电子电路故障是最常见的问题之一。为了确保电子设备的稳定性和可靠性,提高设计可靠性与安全性是至关重要的。下文将详细探讨如何通过提高设计可靠性与安全性来做好电子电路故障预防。

(一)设计阶段的影响

电子电路的设计阶段是整个设备可靠性的基础。设计阶段对电路的性能、寿命和可靠性有着决定性的影响。因此,在设计阶段采取预防性措施是至关重要的。

(1)冗余设计:冗余设计是一种通过增加额外的硬件或软件组件来增强系统可靠性的方法。通过冗余设计,即使某些组件发生故障,系统仍能正常运行。这种设计方法可以提高系统的可靠性和安全性,降低故障发生的风险。

(2)热设计:热设计是指在设计过程中考虑到热因素对电子设备性能的影响。电子设备在运行过程中会产生热量,如果热量不能得到有效的散发,可能会导致设备过热,影响其正常运行。因此,热设计应该成为提高设备可靠性的关键考虑因素之一。合理选择散热方式和材料,保证设备的正常运行温度是热设计的主要目标。

(3)电磁兼容性设计:电磁兼容性是指电子设备在特定电磁环境中正常工作的能力。电磁干扰可能会影响设备的性能和稳定性,甚至导致设备故障。因此,电磁兼容性设计也是提高设备可靠性的关键因素之一。通过合理选择元件、优化电路布局和布线、使用适当的屏蔽和滤波技术等措施,可以降低电磁干扰对设备的影响,提高设备的电磁兼容性。

(二)预防性维护的实施

在电子设备的使用过程中,预防性维护是确保其可靠性和安全性的重要措施之一。通过定期检查、清洁、润滑和调整等措施，可以及时发现并修复潜在的故障和问题，避免小问题累积导致的大故障。

（1）定期检查：定期检查是预防性维护的重要措施之一。通过定期检查，可以及时发现设备的异常情况，如过热、噪声、振动等。这些异常情况可能是潜在故障的迹象，需要及时处理和修复。此外，定期检查还可以确保设备的各项参数和性能指标在正常范围内，从而提高设备的可靠性和安全性。

（2）清洁维护：电子设备在运行过程中可能会受到尘埃、污垢和其他杂质的影响，这些物质可能对设备的正常运行产生不良影响。因此，定期清洁和维护设备是必要的。使用适当的清洁剂和工具，定期清洁设备的外观和内部部件，确保设备的散热系统和通风口畅通无阻等措施可以提高设备的可靠性和安全性。

（3）润滑和调整：对于一些机械部件，润滑和调整是预防性维护的关键措施之一。通过定期润滑和调整，可以确保机械部件的正常运行，降低磨损和故障的风险。此外，润滑和调整还可以提高设备的效率和性能，延长设备的使用寿命。

（4）预防性维修计划：制定预防性维修计划是确保设备可靠性和安全性的有效措施之一。预防性维修计划包括定期检查、清洁、润滑、调整等维护工作的计划和安排。通过制定详细的预防性维修计划并严格执行，可以确保设备的各项维护工作得到及时完成，从而提高设备的可靠性和安全性。

（三）人员培训和管理

人员培训和管理也是提高设备可靠性和安全性的重要因素之一。维护人员的技术水平和操作经验直接影响设备的维护效果和可靠性。因此，加强人员培训和管理是至关重要的。

（1）技术培训：定期组织技术培训课程或研讨会，提高维护人员的技术水平和操作经验。培训内容应涵盖设备的原理、结构、操作和维护等方面，以确保维护人员能够全面掌握设备的维护技能和知识。

（2）安全意识：加强安全意识培训和教育，确保维护人员在使用和维护设备时严格遵守安全操作规程和防护措施。通过提高维护人员的安全意识，可以降低意外事故发生的风险，确保设备的可靠性和安全性。

（3）责任意识：加强责任意识培训和教育，提高维护人员的责任心和工作积极性。维护人员应意识到自己的工作对设备可靠性和安全性至关重要，从而自觉地履行职责和维护设备的良好状态。

（4）记录管理：建立完善的记录管理制度，包括设备运行记录、维护记录和故障处理记录等。通过记录管理，可以及时发现和解决潜在问题，追溯设备的维护历史和状态变化，从而提高设备的可靠性和安全性。

综上所述，提高设计可靠性与安全性是做好电子电路故障预防的关键措施之一。在设计和制造阶段应注重冗余设计、热设计和电磁兼容性设计等预防性措施的应用；在使用和维护阶段应注重定期检查、清洁维护、润滑和调整以及制定预防性维修计划等措施的实施；同时加强人员培训和管理也是提高设备可靠性和安全性的重要因素之一。

二、选用高质量的元件和材料

在电子设备中，元件和材料的质量直接影响到整个电路的性能和稳定性。劣质的元件和材料不仅会影响设备的性能，还可能导致故障频发，降低设备的使用寿命。因此，选用高质量的元件和材料是预防电子电路故障的重要一环。下文将详细探讨如何通过选用高质量的元件和材料来做好电子电路故障预防。

（一）元件和材料质量对电子电路的影响

元件和材料的质量问题可能引发多种电子电路故障。例如，低质量的电阻器可能具有较大的误差，导致电流和电压的不稳定；劣质的电容器可能会引发击穿或漏电，影响信号的正常传输；而质量不佳的半导体元件则可能引发过热或性能衰退等问题。这些质量问题不仅会影响设备的性能，还可能引发安全问题，如火灾或电击等。

（二）如何选用高质量的元件和材料

（1）了解元件和材料的规格和性能：在选择元件和材料时，首先要了解其规格和性能，包括电气性能、物理性能和化学性能等。这些参数将直接影响元件和材料在电路中的表现。通过仔细阅读元件和材料的规格书，可以更好地了解其性能和质量要求。

（2）选择知名品牌和原厂零件：知名品牌和原厂零件通常具有更好的品质保证和完善的售后服务。这些品牌通常会采用更严格的质量控制措施，以确保其产品的可靠性。在选择元件和材料时，应优先考虑知名品牌和原厂零件，以降低因质量问题引发的故障风险。

（3）验证元件和材料的可靠性：在选用元件和材料时，应对其进行可靠性验证。这包括对元件和材料进行寿命测试、环境适应性测试、耐久性测试等。通过这些测试，可以评估元件和材料的性能和质量，以确保它们能够在各种条件下稳定运行，降低故障发生的可能性。

（4）考虑元件和材料的兼容性：在选用元件和材料时，还应考虑其与电路中其他元件的兼容性。不同品牌、型号的元件和材料可能存在兼容性问题，如电气性能的不匹配、物理尺寸的不兼容等。因此，在选择元件和材料时，应充分考虑其与整个电路系统的兼容性，以避免因不兼容问题引发的故障。

（5）注重元件和材料的封装和保护：元件和材料的封装和保护也是衡量其质量的重要因素之一。良好的封装和保护可以有效地防止外部环境对元件和材料的侵蚀和损害，提高其稳定性和可靠性。因此，在选择元件和材料时，应注重其封装方式和保护措施，以降低因环境因素引发的故障风险。

（三）元件和材料的存储与管理

除了选用高质量的元件和材料，正确的存储和管理也是确保其质量和可靠性的关键因素之一。

（1）存储环境：元件和材料的存储环境应保持干燥、清洁、阴凉、通风良好。避免将元件和材料存放在高温、高湿、多尘、腐蚀性的环境中，以免引起性能下降或损坏。

（2）存放期限：元件和材料的存放期限应符合生产厂商的规定。超过存放期限的元件和材料应重新评估其性能和质量，以确保其可靠性。

（3）管理记录：建立完善的元件和材料管理记录，包括入库日期、数量、生产厂商、规格型号等信息。这有助于追踪元件和材料的来源和使用情况，及时发现和处理潜在问题。

（4）定期检查：定期对库存的元件和材料进行检查，查看是否有损坏或性能下降的现象。对于不合格或损坏的元件和材料应及时处理并记录，防止误用或错用。

选用高质量的元件和材料是做好电子电路故障预防的重要一环。通过了解规格性能、选择知名品牌、验证可靠性、考虑兼容性和注重封装保护等措施，可以确保所选用的元件和材料具有较高的质量和可靠性。同时，正确的存储和管理也是保持元件和材料质量和可靠性的关键因素之一。通过综合运用这些措施和方法，可以有效降低电子电路故障发生的可能性，提高设备的可靠性和安全性。

三、实施严格的生产工艺和质量控制

在电子设备生产过程中，生产工艺和质量控制是预防电子电路故障的重要环节。严格的生产工艺和质量控制不仅可以确保产品的性能和质量，还可以提高设备的可靠性和使用寿命。下文将详细探讨如何通过实施严格的生产工艺和质量控制来做好电子电路故障预防。

（一）生产工艺对电子电路故障的影响

生产工艺的缺陷或不足可能导致电子电路故障的发生。例如，不合理的电路布局可能导致信号干扰或散热问题；焊接工艺不佳可能导致接触不良或短路；组装过程中的人为误差可能导致机械应力或电气性能的不稳定。因此，实施严格的生产工艺是预防电子电路故障的重要措施。

（二）质量控制对电子电路故障的影响

质量控制是确保产品一致性和可靠性的关键环节。通过建立完善的质量控制体系，可以有效地减少电子电路故障的发生。质量控制涵盖了从原材料入库到成品出库的各个环节，包括来料检验、过程控制、成品检验等。通过严格的质量控制，可以及时发现和纠正生产过程中的问题，确保产品的性能和质量。

（三）如何实施严格的生产工艺和质量控制

（1）制定详细的生产工艺规范：在生产过程中，应制定详细的生产工艺规范，明确各道工序的操作要求和质量控制标准。规范应涵盖从电路设计、元件布局、焊接、组装到测试等各个环节。通过严格执行规范，确保生产过程的稳定性和一致性。

（2）强化员工培训和技能提升：员工是生产过程中的核心要素。应定期对员工进行培训和技能提升，使其熟悉生产工艺规范，掌握操作技能和质量控制要求。同时，加强员工的质量意识教育，提高其对产品质量的重视程度。

（3）实施严格的过程控制和检验：在生产过程中，应实施严格的过程控制和检验，确保各道工序的质量符合要求。通过设置关键控制点，对关键工艺参数进行监控和记录，及时发现和纠正生产过程中的问题。同时，加强成品检验环节，对产品的电气性能、外观、尺寸等进行全面检测，确保产品合格。

（4）建立完善的质量信息反馈机制：建立完善的质量信息反馈机制，及时收集和分析生产过程中的质量问题，追溯问题的根源，制定相应的纠正和预防措施。通过质量信息反馈，不断优化生产工艺和质量控制体系，提高产品的可靠性和稳定性。

（5）引入先进的生产设备和检测仪器：采用先进的生产设备和检测仪器可以有效地提高生产效率和产品质量。通过引入自动化生产线和智能检测设备，可以降低人为误差和提高生产过程的可控性。同时，定期对设备和仪器进行维护和校准，确保其性能稳定可靠。

（6）建立严格的产品可靠性测试体系：建立严格的产品可靠性测试体系，对电子电路产品进行全面的可靠性评估。可靠性测试包括环境适应性测试、寿命测试、电磁兼容性测试等。通过测试数据的分析和反馈，不断优化产品设计、生产和质量控制环节，提高产品的可靠性和稳定性。

（7）强化供应链管理：供应链的不稳定因素也可能导致电子电路故障的发生。因此，应强化供应链管理，选择可靠的供应商，建立长期稳定的合作关系。同时，对供应商的质量管理体系进行评估和监控，确保原材料的质量稳定可靠。

实施严格的生产工艺和质量控制是做好电子电路故障预防的关键措施之一。通过制定详细的生产工艺规范、强化员工培训、实施严格的过程控制和检验、建立完善的质量信息反馈机制、引入先进的生产设备和检测仪器、建立严格的产品可靠性测试体系以及强化供应链管理等措施，可以有效降低电子电路故障发生的可能性，提高产品的性能和质量。

第三节　电子设备的定期维护与保养

一、定期检查与清洁

在电子设备的使用过程中,定期检查、清洁和维护是保证设备正常运行、延长使用寿命的重要环节。通过定期的维护和保养,可以及时发现和解决潜在的问题,预防设备故障的发生,提高设备的稳定性和可靠性。下文将详细探讨如何进行电子设备的定期维护与保养。

(一)定期检查的重要性

定期检查是预防电子设备故障的有效手段。通过定期检查,可以及时发现设备在运行过程中出现的异常情况,如元器件老化、连接松动、散热不良等。这些小问题如果不及时处理,可能会导致设备故障甚至损坏。因此,定期检查有助于预防潜在问题的发生,确保设备的正常运行。

(二)清洁保养的注意事项

清洁保养是电子设备维护的基础工作。在清洁保养过程中,应注意以下几点。

(1)使用合适的清洁剂:针对不同的电子设备和材料,应选择合适的清洁剂,避免使用具有腐蚀性的清洁剂。

(2)遵循正确的清洁顺序:应遵循从外到内、从简单到复杂的清洁顺序,先清洁设备表面,再清洁内部组件。

(3)注意防静电:在清洁过程中,应采取防静电措施,避免静电对电子设备造成损坏。

(4)确保设备完全干燥:清洁完成后,应确保设备完全干燥,避免水分残留导致设备短路或生锈。

(三)如何进行定期检查与清洁保养

(1)制定维护计划:根据电子设备的类型、使用频率和重要程度,制定合理的维护计划。对于关键设备,应增加检查和保养的频率。

(2)外部清洁:定期清洁电子设备的外部表面,去除灰尘、污垢和其他杂质。使用柔软的湿布或专用清洁剂进行擦拭，注意不要使用过于湿润的布或溶剂，以免造成设备表面损伤或内部短路。

（3）内部组件检查与清洁：在专业人员的指导下，定期打开电子设备，检查内部组件的连接、元器件和电路板等。清除灰尘和污垢，确保所有部件都连接牢固、无松动现象。对于散热器和其他金属部件，应定期清洁并涂上薄薄的一层导热硅脂，以确保良好的散热性能。

（4）电源和电缆检查：检查电源线和电缆是否破损、老化或松动。如有必要，应更换损坏的电缆或插头，以避免电击或火灾风险。同时，确保电源电压与设备要求相符，避免因电压过高或过低导致设备损坏。

（5）软件维护：对于具有操作系统的电子设备，应定期进行软件维护，包括清理缓存、更新驱动程序和病毒防护等。保持软件版本的最新状态可以确保设备最佳性能和安全性。

（6）环境控制：注意电子设备所在环境的温度、湿度和洁净度。过高或过低的温度、湿度过大或过小都可能对设备造成不良影响。保持适宜的环境条件可以延长设备的使用寿命。

（7）预防性维护：在定期维护过程中，进行预防性的检查和保养工作，如更换磨损的元器件、加固松动的连接等。通过预防性维护，可以降低设备故障的发生率。

（8）记录与报告：建立维护记录制度，详细记录设备的检查和保养情况。对于发现的问题和采取的措施，应及时报告并记录在案。这样有助于跟踪设备的性能变化，及时发现并处理潜在问题。

（9）专业维护：对于一些复杂或精密的电子设备，建议由专业人员进行定期维护和保养。专业人员具备丰富的经验和技能，能够更准确地诊断问题并进行适当的维护操作。

（10）备用件管理：为了应对突发故障，建议储备一些常用备件如电阻、电容、电源模块等。这样可以在需要时迅速更换损坏的部件，缩短设备停机时间。

（11）培训与教育：对操作和维护人员进行定期培训和教育，提高其技能水平和对新设备的了解。通过培训，操作和维护人员能够更好地理解设备的运行原理和维护要求,从而提高设备的维护质量。

(12)更新与升级:随着技术的不断进步,电子设备也在不断更新和升级。建议定期检查设备的升级选项,以便及时获取最新的技术和功能。同时,升级和维护也可以解决潜在的安全漏洞和性能问题。

(13)定期校准与测试:对于一些高精度或关键设备,需要进行定期校准和测试以确保其性能稳定可靠。校准和测试可以由专业机构进行或自行按照相关标准进行。

(14)建立维护档案:为每个电子设备建立完整的维护档案,记录设备的购买日期、使用情况、维修历史等信息。维护档案有助于跟踪设备的全生命周期管理,为未来的维护和升级提供参考依据。

(15)与供应商保持联系:与设备的供应商保持良好联系,以便在需要时获得及时的技术支持和维护服务。供应商通常可以提供有关新设备的更新信息、维护技巧和故障排除指南,有助于提高设备的维护效率和质量。

电子设备的定期检查、清洁和维护是保证设备正常运行、延长使用寿命的重要环节。通过制定合理的维护计划、实施全面的维护措施、保持与供应商的联系,以及提高操作和维护人员的技能水平,可以确保电子设备得到适当的维护和保养。这有助于降低设备故障的发生率、提高设备的稳定性和可靠性,从而为企业创造更大的价值。

二、预防性维护计划

在当今高度自动化的时代,电子设备已经成为许多企业和组织运营的关键部分。这些设备必须始终保持最佳状态,以确保日常运营的顺利进行。为了达到这一目的,实施一套全面、科学的预防性维护计划变得至关重要。下文将详细讨论预防性维护计划的制定、实施以及其对电子设备正常运行的影响。

(一)预防性维护计划的制定

预防性维护计划是一个系统性的方法,用于确保电子设备得到适当的检查、清洁、调整和更换,以防止设备故障或性能下降。在制定这样的计划时,应考虑以下几个关键因素。

（1）设备类型与用途：不同类型的电子设备具有不同的维护需求。例如，高精度的测量设备可能需要更频繁的校准和维护。了解设备的具体类型和用途是制定合适维护计划的基础。

（2）使用频率与强度：设备的使用频率和强度对其磨损程度有直接影响。经常使用的设备可能需要更频繁的检查和保养。

（3）制造商的建议：设备的制造商或供应商通常会提供关于维护和保养的建议。这些建议应被纳入预防性维护计划中。

（4）过去的维护记录：过去的维护记录提供了有关设备性能和故障模式的信息。分析这些数据可以帮助预测未来的维护需求。

在制定预防性维护计划时，还需考虑资源的可用性，包括人力、时间和技术资源。计划的实施必须考虑到这些资源的限制。

（二）预防性维护计划的实施

在实施预防性维护计划时，以下几点是关键：

（1）定期检查：根据设备的特性和使用情况，设定适当的检查周期。检查应包括外观检查、功能测试以及可能的校准或调整。

（2）清洁与除尘：电子设备容易受到灰尘和污垢的影响。定期清洁设备可以防止这些污染物对设备的性能产生负面影响。

（3）更换磨损部件：某些部件在使用过程中会逐渐磨损。及时更换这些部件可以防止设备出现故障。

（4）使用记录与报告：维护人员应详细记录每次维护活动，包括所执行的步骤、发现的问题、更换的部件以及任何其他相关信息。这些记录可用于跟踪设备的性能和识别潜在问题。

（5）员工培训与意识：定期对员工进行培训，使其了解电子设备的维护要求，提高他们对预防性维护重要性的认识。

（6）应急预案：尽管重点是预防性维护，但仍然需要准备应急预案，以应对不可预见的技术问题或故障。应急预案应包括故障识别、快速响应措施和修复策略。

（7）持续改进：根据设备的使用情况和维护记录，定期评估并调整维护计划。这包括审查维护流程、调整检查周期和更新替换部件的规格。

（8）质量保证与验证：在某些情况下，可能需要采用质量保证或验证程序来确保维护工作的有效性。这可以通过定期的性能测试或使用统计过程控制来实现。

（9）库存管理：确保有足够的备件库存以进行及时的更换是预防性维护计划的关键部分。库存管理应与维护计划相结合，以优化库存水平并避免过多的库存成本。

（10）技术更新与适应：随着技术的不断进步，电子设备的维护需求可能会发生变化。维护计划应适应这些变化，并考虑采用新技术或方法来提高维护效率和质量。

（11）文档管理：建立和维护详细的电子和纸质文档对于跟踪设备的维护历史和参考之前的解决方案至关重要。文档应包括设备的规格、操作指南、维修手册、零件更换记录以及任何其他相关技术资料。

（12）供应商关系：与设备供应商建立良好的关系对于获得及时的维修支持和备件更新至关重要。供应商应定期访问或电话咨询，以了解设备的最新维护要求和更新信息。

（13）安全注意事项：在维护过程中，应始终考虑安全问题。提供适当的安全培训以确保员工知道如何安全地操作和维护设备是至关重要的。此外，应遵守所有相关的国家和地方法规以及行业标准。

（14）环保与社会责任：在处理废弃的电子设备和部件时，应遵守所有相关的环保规定。这包括正确处理有害物质、回收可再利用的材料以及减少能源消耗和排放。通过采取这些措施，组织可以履行其社会责任并保护环境。

（15）持续改进循环：通过持续监控设备的性能和收集反馈，可以不断改进预防性维护计划。这可以通过定期审查和修订计划来实现，以确保其始终反映设备和组织的需求和变化。

第四节 故障记录与分析方法

一、故障记录制度

在电子设备维护与保养过程中,故障记录制度是确保设备正常运行和及时识别潜在问题的重要环节。下文将探讨故障记录制度在电子设备定期维护与保养中的重要性、实施方法及其对预防性维护计划的影响。

(一)故障记录制度的重要性

故障记录制度是预防性维护计划的重要组成部分,它为组织提供了有关设备性能、故障模式和维修需求的宝贵信息。以下是该制度的重要性。

(1)问题识别与预防:通过详细的故障记录,维护人员可以及时发现潜在问题,并在故障发生前采取措施进行预防性维修或更换部件。这有助于防止设备突发性故障,减少意外停机时间。

(2)性能跟踪与评估:故障记录提供了设备性能随时间变化的详细数据。通过分析这些数据,组织可以评估设备的运行状况,并决定是否需要采取改进措施或更换设备。

(3)优化维护计划:通过对设备故障模式的分析,组织可以调整其维护计划,优化检查周期和维修流程。这有助于提高维护工作的效率和效果。

(4)提高员工意识:实施故障记录制度有助于提高员工对设备性能和潜在问题的关注度。通过参与故障记录和数据分析,员工可以加深对设备运行机制的理解,从而提高其维护技能和意识。

(5)促进跨部门沟通:故障记录制度促进了不同部门之间的信息共享和沟通。维修部门可以与其他相关部门(如生产、研发等)合作,共同解决设备问题,提高整体运营效率。

(6)改进决策支持:高级管理层可以使用故障记录数据作为决策依据,以评估设备的性能、投资回报率以及是否需要进行技术升级或更换设备。

(7)法规合规与审计:对于某些行业,如医疗和制药,故障记录制度是法规要求的一部分。通过实施这一制度,组织可以确保其维护活动符合相关法规和行业标准，以便在审计或检查时提供必要的信息。

（8）知识积累与传承：故障记录制度不仅提供了当前设备的运行信息，还可以为未来的维护人员提供宝贵的历史数据和经验教训。这些信息有助于新员工更快地熟悉设备，提高其工作效率和维护技能。

（二）故障记录制度的实施方法

实施故障记录制度需要制定详细的流程和规范，以确保信息的准确性和完整性。以下是实施该制度的关键步骤。

（1）定义记录内容：明确需要记录的信息，包括设备名称、型号、序列号、故障描述、发生时间、维修措施、更换部件等。

（2）使用适当的工具：选择或开发适合组织需求的电子或纸质工具来记录故障信息。确保工具易于使用且具有足够的存储空间以容纳大量数据。

（3）培训员工：对维护人员进行培训，使其了解如何准确、完整地记录故障信息，并解释该制度的重要性和目的。

（4）定期审查与更新：维护人员应定期审查故障记录，更新设备状态和维修历史。对于重要或复杂的故障，应组织跨部门的讨论和会诊。

（5）数据分析与应用：定期对故障数据进行深入分析，识别设备的性能趋势、常见问题和改进领域。将分析结果应用于预防性维护计划和设备改进项目。

（6）文档管理：确保故障记录的存储安全、方便查阅。建立完善的文档管理制度，以便在需要时能够快速找到相关信息。

（7）持续改进：根据故障记录和分析结果，持续优化故障记录制度，改进维护流程和方法。

（8）与其他系统集成：如果组织有其他维护管理系统或企业资源规划（ERP）系统，应考虑将故障记录系统与其进行集成，以实现数据共享和自动化处理。

（9）安全与隐私保护：确保故障记录的安全性和隐私保护。仅允许授权人员访问这些信息，并采取适当的技术和组织措施来防止数据泄露和不当使用。

（10）定期审计与检查：对故障记录制度进行定期审计和检查，以确保其执行的一致性和有效性。通过审计还可以发现潜在的问题和改进领域。

（11）反馈与沟通：鼓励员工提供关于故障记录制度的反馈和建议。通过有效的沟通机制持续改进制度，以满足不断变化的需求和期望。

（12）与其他企业合作与分享经验：与其他企业交流并分享故障记录的经验和最佳实践。通过参加行业会议、研讨会或加入专业协会，了解最新的维护趋势和技术发展。

（13）利用外部资源：考虑聘请专家或咨询公司来评估组织的故障记录制度，并提供改进建议。他们可以提供客观的观点和经验，帮助组织优化其维护策略。

（14）不断调整与更新：随着设备的更新换代和技术的发展，组织的故障记录制度也应不断调整与更新。适应新的变化和技术趋势，以确保制度的有效性和实用性。

（三）故障记录制度对预防性维护计划的影响

预防性维护计划是确保设备正常运行的关键，而故障记录制度对预防性维护计划的制定和实施具有重要影响。以下是一些影响。

（1）确定预防性维护需求：通过分析故障记录，组织可以确定哪些设备或部件需要定期维护或更换。这些信息可以帮助制定更有效的预防性维护计划，确保关键设备得到适当的关注和维护。

（2）优化维护周期：故障记录提供了设备性能随时间变化的详细数据。通过分析这些数据，组织可以确定最佳的维护周期，以最大化设备运行时间和减少故障发生率。

（3）预防性维修策略：基于故障记录，组织可以制定针对特定设备的预防性维修策略。例如，对于频繁发生故障的部件，可以进行预防性的检查或更换，以降低潜在的运行中断风险。

（4）资源配置与优先级排序：根据故障记录的数据分析，组织可以确定设备维护的优先级，并根据需求合理分配资源。这有助于确保关键设备的及时维护，并优化维护工作流程。

（5）提高维护人员工作效率：通过使用故障记录制度，维护人员可以更快速地识别问题、分析故障模式并采取适当的维护措施。这有助于提高工作效率和减少不必要的停机时间。

（6）促进跨部门协作：故障记录制度促进了不同部门之间的信息共享和协作。生产、研发、采购和维修部门可以共同参与预防性维护计划的制定和实施，以确保设备的可靠性和生产效率。

（7）降低维护成本：通过有效的预防性维护计划，组织可以减少突发性故障的次数和维修成本。这有助于提高设备的整体寿命和降低长期的运营成本。

（8.）提升员工技能与培训：基于故障记录的分析结果，组织可以为维护人员提供更有针对性的培训和技能提升计划。这有助于提高员工的维护技能和应对复杂问题的能力。

（9）促进持续改进文化：故障记录制度鼓励员工发现问题、改进流程和提高设备性能。通过不断改进和优化预防性维护计划，组织可以培养一种持续改进的文化，促进整体运营效率的提高。

（10）提升客户满意度：对于那些提供产品或服务的组织来说，设备的可靠性和稳定性直接影响到客户满意度。通过实施有效的预防性维护计划和故障记录制度，组织可以确保设备的正常运行，从而提高客户满意度和忠诚度。

综上所述，电子设备的定期维护与保养过程中，故障记录制度发挥着至关重要的作用。它不仅有助于及时发现和解决设备问题，还能为预防性维护计划提供重要的数据支持和决策依据。通过实施这一制度，组织可以提高设备可靠性、降低运营成本并提高整体运营效率。在不断变化和技术发展的环境中，持续优化故障记录制度对于组织的长期成功至关重要。

二、故障分析工具与方法

（一）电子设备定期维护与保养的重要性

随着科技的不断发展，电子设备在各个领域的应用越来越广泛，如工业生产、医疗设备、航空航天等。然而，由于电子设备长时间运行、环境因素以及设备老化等原因，容易出现各种故障。为了确保电子设备的正常运行，定期维护与保养变得至关重要。通过定期维护与保养，可以及时发现潜在问题、防止故障发生，并延长设备使用寿命。

（二）故障分析工具与方法

在电子设备的定期维护与保养过程中，故障分析工具与方法的应用至关重要。以下是一些常用的故障分析工具与方法。

1.目视检查

目视检查是最基本的故障分析方法之一。通过目视检查，可以发现设备外部的明显损伤、污垢和腐蚀等问题。检查内容包括设备外观、电线、连接器、散热器等。

2.触觉检查

触觉检查是通过触摸设备表面来感知温度、振动和异常声音的方法。通过触觉检查，可以发现设备内部的热量分布不均、异常振动和潜在的机械故障等问题。

3.听觉检查

听觉检查是通过听取设备运行时的声音来判断其工作状态的方法。正常运行的设备通常会发出稳定且无异常声音，而出现故障的设备可能会出现异常声音或噪音。

4.嗅觉检查

嗅觉检查是通过闻设备的味道来判断是否存在异常的方法。某些电子设备在出现故障时，可能会散发出特殊的气味，例如电路过热或元件烧毁等。

5.仪器检测

仪器检测是利用专业工具和仪器对电子设备进行深入检测的方法。常见的仪器检测包括示波器、万用表、频谱分析仪等。通过仪器检测，可以检测设备的电压、电流、波形等参数，进而判断设备的性能和故障情况。

6.故障树分析

故障树分析是一种系统化的故障分析方法。通过建立设备的故障树，可以清晰地了解各个故障之间的因果关系，帮助维修人员快速定位和解决问题。故障树分析可以帮助组织识别系统的薄弱环节，并提供改进建议。

7.故障模式与影响分析

故障模式与影响分析是一种识别设备潜在故障模式及其对系统性能影响的

方法。通过分析各种故障模式,可以确定故障的严重程度和可能的原因,从而采取相应的预防措施。

8.模糊逻辑和专家系统

模糊逻辑和专家系统是一种基于人工智能的故障分析方法。这种方法利用专家知识库和模糊逻辑算法,对设备的状态进行评估和预测,并提供相应的维护建议。模糊逻辑和专家系统可以处理不确定性和不精确性的问题,提供准确的故障诊断和预测。

(三)应用实例与分析

在实际应用中,可以根据电子设备的具体情况选择合适的故障分析工具与方法。例如,对于某通信设备的故障诊断,可以采用以下步骤。

(1)目视检查:检查设备的外观是否有明显的损伤或污垢。

(2)触觉检查:触摸散热器表面,感知其温度是否异常高。

(3)听觉检查:听设备运行时的声音,判断是否有异常噪音或振动。

(4)仪器检测:使用示波器和万用表检测设备的信号波形和电压是否正常。

(5)故障树分析:根据目视检查、触觉检查、听觉检查和仪器检测的结果,建立设备的故障树,找出可能的故障原因。

(6)故障模式与影响分析:根据故障树分析结果,确定故障的严重程度和可能的影响范围,制定相应的维护和维修计划。

(7)模糊逻辑和专家系统:利用专家知识库和模糊逻辑算法对设备的性能进行评估和预测,为预防性维护提供建议。

通过以上步骤,可以快速准确地诊断该通信设备的故障原因,并采取相应的措施进行维护和维修工作。这有助于确保设备的正常运行,提高通信系统的可靠性和稳定性。

第八章 故障修复与质量控制

第一节 故障修复流程与注意事项

一、故障诊断与定位

（一）电子设备故障诊断与定位的重要性

在电子设备运行过程中，故障诊断与定位是一项至关重要的任务。电子设备故障可能导致设备性能下降、甚至完全失效，严重影响生产、生活和安全。因此，快速、准确地诊断和定位电子设备的故障，对于确保设备的正常运行、提高设备可靠性和安全性具有重要意义。

（二）电子设备故障诊断与定位的方法

1.直接观察法

直接观察法是最简单、直观的故障诊断与定位方法。通过观察电子设备的外观、连接线和元件等，检查是否有明显的损伤、断裂、脱落等现象。此外，还要注意检查电子设备的内部结构，如电路板、元件排列等是否正常。直接观察法适用于初步检查和快速定位一些明显的故障。

2.信号注入法

信号注入法是通过向电子设备输入特定信号，观察设备的输出信号来判断故障的方法。这种方法可以帮助定位某些特定的故障，如信号传输问题、元件损坏等。常用的信号注入法有电压测试法、电阻测试法和电流测试法等。

3.对比替换法

对比替换法是通过将疑似故障的电子设备与正常工作设备进行对比，或者将疑似故障元件替换为正常元件来判断故障的方法。通过对比正常设备和故障设备的参数、性能等，可以找出故障所在。对比替换法适用于定位一些难以确定的故障。

4.波形观察法

波形观察法是通过示波器等工具观察电子设备的信号波形来判断故障的方法。通过对各种信号波形进行测量和分析，可以确定电子设备的性能参数和故障情况。波形观察法适用于检测复杂的信号处理电路和高速数字电路等。

5.温度检测法

温度检测法是通过检测电子设备在工作状态下的温度来判断其工作状态的方法。电子设备在工作时会产生热量，温度过高可能意味着元件过热或者电路异常。通过温度检测，可以定位一些与温度相关的故障，如元件损坏、散热不良等。

6.程序调试法

程序调试法是在编写和调试程序过程中发现和排除程序错误的常用方法。对于一些与程序相关的电子设备故障，可以通过程序调试法来诊断和定位故障。通过单步执行、断点设置等手段，可以观察程序的执行情况，从而找出程序中的错误和问题所在。

7.专家系统与人工智能技术

专家系统与人工智能技术是利用计算机技术模拟人类专家解决复杂问题的方法。通过建立电子设备故障诊断的专家系统，利用大量的专家经验和知识，可以快速、准确地定位和解决故障。专家系统与人工智能技术适用于复杂、多变的电子设备故障诊断与定位。

（三）应用实例与分析

以某通信设备为例，介绍电子设备故障诊断与定位的实际应用。

（1）直接观察法：首先对通信设备的外观、连接线和元件进行检查，发现连接线存在松动现象。

（2）信号注入法：通过信号源向通信设备输入特定信号，发现信号传输存在问题。

（3）对比替换法：将疑似故障的连接线替换为正常连接线，通信设备恢复正常工作状态。

（4）波形观察法：利用示波器对通信设备的信号波形进行测量和分析，进一步确认信号传输问题是由于连接线松动导致。

（5）程序调试法：对通信设备的控制程序进行调试，确保程序逻辑正确无误。

（6）专家系统与人工智能技术：利用专家系统对通信设备的性能进行评估和预测，提出相应的维护建议和措施。

二、故障修复流程

（一）接收故障设备

首先，对送修的电子设备进行初步检查，确认其基本工作情况和故障现象。这一步需要对设备进行简单的操作和测试，以便对故障有一个大致的了解。

（二）故障诊断与定位

根据初步检查的结果，采用适当的故障诊断与定位方法，进一步确定故障的具体位置和原因。这一步是故障修复的关键，需要仔细、准确地判断故障所在，为后续的修复工作提供明确的指导。

（三）元件检测与替换

针对已经定位的故障，进行元件检测。检查相关元件是否正常工作，如有损坏或性能下降，需要进行替换。在元件替换过程中，需要注意元件的匹配性和替换操作的安全性，以免造成二次损坏。

（四）电路板维修

对于电路板上的故障，需要进行焊接、修复或更换相关的元件和芯片。在维修过程中，需要注意电路板的布局和布线，避免对其他部分造成影响。同时，需要确保维修后的电路板能够正常工作，符合设备的设计要求。

（五）软件修复与调试

对于与程序相关的故障，需要进行软件修复与调试。这包括对程序的代码进行修改、调试和测试等操作，确保程序能够正常运行并实现预期的功能。在软件修复与调试过程中，需要特别注意数据的备份和恢复，以免造成数据丢失或损坏。

（六）整体测试与验证

完成以上步骤后，需要对修复后的电子设备进行整体测试与验证，确保其性能和工作状态符合要求。这包括对设备的各项功能进行测试，检查设备的稳定性和可靠性等。如有必要，可以进行反复测试和调整，以确保设备的性能和质量。

（七）交付与验收

最后，将修复后的电子设备交付给用户并进行验收。在这一步中，需要对用户进行必要的操作和注意事项说明，确保用户能够正确使用和维护设备。同时，需要注意设备的保修期限和后续服务支持等事项，为用户提供全面的保障。

（八）记录与总结

在完成电子设备故障修复后，需要对整个过程进行记录和总结。这包括记录故障现象、诊断方法、修复过程和测试结果等信息，以便对后续的维修工作提供参考和借鉴。同时，通过对维修过程的总结和反思，可以不断提升自身的维修技能和服务质量。

（九）预防性维护与保养

除了对故障进行修复，还需要注重电子设备的预防性维护与保养。通过定期检查、清洁、保养和升级等措施，可以有效地减少设备故障的发生率，提高设备的可靠性和使用寿命。此外，建立完善的维护保养制度，对设备进行定期的巡检和保养，可以确保设备的长期稳定运行。

（十）培训与学习

作为一名电子设备维修人员，需要不断学习和提升自己的技能水平。通过参加培训课程、阅读专业书籍和文献、参加行业交流活动等方式，可以了解最新的维修技术和行业动态，提高自身的专业素养和实践能力。同时，不断学习和探索新的维修方法和技巧，可以更好地应对各种复杂的电子设备故障问题。

三、故障修复注意事项

（一）安全注意事项

在电子设备故障修复过程中，安全始终是首要考虑的因素。以下是一些安全注意事项。

（1）断电与接地：在进行故障修复之前，首先要确保设备已经断电，并确保设备接地良好。这是为了防止在修复过程中发生电击事故或设备损坏。

（2）防静电：由于电子设备中的元件对静电敏感，因此在修复过程中要采取防静电措施。例如，在接触电路板之前，先将自己接地或使用防静电腕带等设备。

（3）避免短路：在修复过程中，要避免造成电路短路。不要将导线直接连接到电源或电路板的任意两点之间，以免造成设备损坏或火灾。

（4）小心处理敏感元件：对于一些敏感的元件，如晶体管、集成电路等，要小心处理，避免用力过猛或使用不适当的工具造成损坏。

（5）注意高温元件：在电子设备中，有些元件在工作时会发热，如功率器件等。在修复过程中，要特别注意这些高温元件，避免烫伤或触电。

（二）诊断与定位注意事项

在故障诊断与定位阶段，需要注意以下几点。

（1）准确观察故障现象：在诊断之前，要仔细观察设备的故障现象，包括异常声音、异常气味、温度异常等。这些信息对于准确判断故障原因至关重要。

（2）逐步缩小故障范围：在诊断过程中，可以采用一些常用的故障排除方法，如逐一排除法、替换法等，逐步缩小故障范围，以便快速定位到具体问题所在。

（3）注意保护易损元件：对于一些容易损坏的元件，如电容、二极管等，在诊断过程中要特别注意保护，避免造成二次损坏。

（4）不要轻易更换元件：在定位到故障位置后，不要轻易更换元件，除非已经确定该元件损坏。盲目更换元件可能导致更多问题。

（5）记录诊断过程：在诊断过程中，建议记录每个步骤和结果，以便后续查阅和总结经验。这也有助于提高自身的维修技能和效率。

（三）维修操作注意事项

在进行维修操作时，需要注意以下几点。

（1）使用合适的工具：根据维修需要选择合适的工具和设备，如螺丝刀、焊台、万用表等。使用不适当的工具可能导致设备损坏或人身伤害。

（2）遵循正确的维修流程：根据不同的故障类型和设备类型，遵循正确的维修流程进行操作。例如，对于电路板维修，需要先焊接更换元件再测试功能；对于软件故障，需要先备份数据再修复程序。

（3）遵循维修规范：在维修过程中，遵循相关行业的维修规范和标准，确保操作正确、合理、可靠。

（4）注意维修细节：在维修过程中，要注意细节问题，如元件的正负极、电路板的焊接质量等。这些细节问题可能影响设备的性能和稳定性。

（5）防止灰尘和污垢：在维修过程中，要防止灰尘和污垢进入设备内部，以免影响设备的性能和使用寿命。对于一些容易积灰的部位，如散热风扇、散热片等，要及时清洁。

（四）交付验收注意事项

在交付验收阶段，需要注意以下几点。

（1）仔细检查设备：在交付之前，仔细检查设备的各项功能和外观，确保设备已经修复并且工作正常。如有必要，可以进行多次测试和调整。

（2）确保用户了解设备：在交付时，确保用户了解设备的操作方法、注意事项和维护方法等。如有必要，为用户提供必要的培训和指导。

（3）收集用户反馈：在交付后，收集用户的反馈意见和建议，以便不断改进自身的维修服务和质量。同时，对于用户提出的问题或故障现象，及时给予回应和解决。

（4）建立维修档案：为了方便管理和追溯，建议建立电子设备的维修档案。档案中记录设备的故障现象、诊断过程、维修方法和结果等信息，以便后续查阅和总结经验。

第二节 质量控制与质量检验方法

一、质量控制的概念与意义

（一）概念

电子设备质量控制是指在电子设备的生产和使用过程中,通过一系列技术和方法对设备的性能、可靠性和安全性进行检测、评估和控制,以确保设备的性能和质量满足设计要求和使用需求。质量控制的目标是提高产品质量,降低生产成本,增强企业竞争力。

（二）意义

1.提高产品质量

质量控制的核心目标是提高产品质量。通过严格的质量控制,可以发现设备生产和使用过程中存在的问题和缺陷,及时采取措施进行改进和优化,从而确保设备的性能和质量符合设计要求和使用需求。这不仅可以提高客户的满意度,还可以降低售后服务成本,提升企业形象和品牌价值。

2.降低生产成本

有效的质量控制可以降低生产成本。在设备生产和装配过程中,通过严格的质量控制可以减少不合格品的产生,降低生产浪费。同时,质量控制过程中的检测和评估可以及时发现潜在问题和隐患,避免设备在使用过程中出现故障或损坏,减少维修和替换成本。

3.增强企业竞争力

在激烈的市场竞争中,高质量的产品是企业赢得市场份额的重要因素之一。通过质量控制,企业可以提供更加可靠、稳定的电子设备,满足客户需求,提高客户满意度。同时,质量控制也有助于降低生产成本,提高企业的生产效率和经济效益,增强企业的市场竞争力。

（三）实施步骤

（1）制定质量标准：根据设备的设计要求和使用需求,制定详细的质量标准和检测标准。这些标准应包括设备的性能指标、可靠性指标、安全性指标等。

（2）检测与评估：按照制定的质量标准对电子设备进行检测与评估。可以采用各种检测工具和技术手段，如电性能测试、环境试验、振动测试等，对设备的各项性能指标进行检测和评估。

（3）问题分析与改进：对于检测和评估过程中发现的问题和缺陷，进行深入的问题分析和改进。分析问题产生的原因，制定相应的改进措施和方法，并实施。同时，应注重问题的预防和控制，避免类似问题再次出现。

（4）持续改进：在电子设备的质量控制过程中，应持续关注质量标准的符合情况、生产过程的稳定性和产品质量的提升。对于质量标准的不足之处，及时进行调整和完善；对于生产过程中的不稳定因素和不规范操作，及时进行纠正和改进；对于产品质量的波动和异常情况，及时进行调查和分析，采取有效措施加以解决。通过持续改进，不断提升电子设备的质量水平，提高企业的市场竞争力。

（四）质量控制措施

（1）严格把控原材料质量：保证原材料的质量是质量控制的关键环节之一。对供应商进行评估和选择，确保原材料的质量符合设计要求和使用需求。在原材料入库前进行质量检测和控制，防止不合格品进入生产线。

（2）加强生产过程管理：制定科学合理的生产工艺和流程，确保生产过程的稳定性和可靠性。加强生产过程中的质量检测和控制，及时发现和解决潜在问题。同时，加强员工培训和管理，提高员工的技能水平和质量意识。

（3）完善质量管理体系：建立完善的质量管理体系，包括质量策划、质量控制、质量保证和质量改进等方面。通过体系化管理，确保质量控制的全面覆盖和有效实施。同时，积极开展质量管理体系的认证工作，提高企业的质量管理水平和市场竞争力。

（4）引入先进的质量控制技术和方法：积极引入先进的质量控制技术和方法，如统计过程控制、六西格玛管理、精益生产等，提高质量控制的效果和效率。通过技术创新和质量改进，推动企业不断向前发展。

（5）加强与客户的沟通和反馈：建立有效的客户沟通和反馈机制，及时了解客户需求和市场反馈信息。对于客户提出的问题和建议及时响应和处理，不断优化和改进产品设计和生产过程，提高客户满意度和市场竞争力。

二、质量检验方法

（一）概述

电子设备质量检验是确保电子设备性能、可靠性和安全性的重要环节。通过质量检验，可以检测电子设备在生产过程中是否存在缺陷，以及是否符合设计要求和使用标准。下文将重点探讨电子设备质量检验的常用方法。

（二）检验方法

（1）外观检查：外观检查是最基础的检验方法，主要通过目视、触摸等方式对电子设备的外观进行观察。检查内容包括设备是否有破损、划痕、污渍等情况，以及各种标识是否清晰、准确。

（2）结构检查：结构检查主要关注电子设备的内部结构、电路布局、元器件安装等情况。通过 X 光检测、内部显微镜检查等方法，可以发现设备内部的缺陷和问题。

（3）功能测试：功能测试是对电子设备各项功能的全面检测。测试过程中应模拟实际使用环境，对设备的输入、输出、显示、控制等功能进行全面测试，以确保设备的功能正常。

（4）环境试验：环境试验主要检验电子设备在不同环境条件下的性能表现。包括高低温试验、湿度试验、振动试验等，以评估设备在各种环境下的适应性和可靠性。

（5）电磁兼容性测试：电磁兼容性测试主要检测电子设备在电磁环境中的性能表现，包括电磁辐射、电磁抗干扰等。以确保设备在实际使用中不会受到电磁干扰的影响。

（6）安全性能测试：安全性能测试主要关注电子设备的安全性，包括电气安全、机械安全等方面的测试。通过测试确保设备在使用过程中不会对人员和环境造成危害。

（7）可靠性分析：可靠性分析通过对电子设备进行寿命测试、失效分析等方法，评估设备的可靠性和使用寿命。通过可靠性分析，可以发现潜在的问题和隐患，为设备的持续改进提供依据。

（8）性能检测：性能检测是对电子设备性能指标的检测和评估，包括电压、电流、功率、频率、信噪比等参数的测量和分析。通过性能检测，可以确定设备的性能水平是否符合设计要求和使用标准。

（9）认证检测：认证检测是根据相关标准和法规要求，对电子设备进行全面检测和评估，以确保设备符合相关标准和法规要求。认证检测一般由权威认证机构进行，检测合格后颁发相应的认证证书。

（10）对比分析法：对比分析法是通过对比同类产品或不同阶段的产品性能指标、外观质量等方面的数据，找出产品的优势和不足，为进一步优化产品提供依据。

（三）选择合适的检验方法

在选择检验方法时，应根据电子设备的特性、使用环境和需求进行综合考虑。对于一般的外观和功能检测，可以采用简单的目视和触摸方法。对于更复杂的性能和安全性测试，需要借助专业的测试设备和仪器进行。同时，根据产品的特性和标准要求，可以选择进行环境试验、电磁兼容性测试等专项检测。

对于高可靠性要求的电子设备，应进行可靠性分析和寿命测试，以评估设备的可靠性和寿命。对于涉及安全性能的设备，应进行电气安全和机械安全等方面的测试，以确保设备在使用过程中的安全性。

此外，对于出口或进入市场的电子设备，可能需要进行认证检测，以确保符合相关标准和法规要求。认证检测一般由权威认证机构进行，检测合格后颁发相应的认证证书。

第三节　故障修复后的测试与验证方法

一、测试的目的与内容

（一）测试目的

电子设备故障修复后的测试是确保设备性能恢复并达到预期标准的关键环节。其主要目的包括以下几点。

（1）验证故障是否已成功修复：通过测试确认设备故障是否已被有效排除，

各项功能是否恢复正常。

（2）评估设备性能：测试设备的性能指标是否达到预期标准，是否存在性能下降或不稳定的情况。

（3）检测潜在问题：在修复过程中可能引入新的故障或隐患，测试旨在发现并解决这些问题，防止设备在使用中出现二次故障。

（4）确保安全性和可靠性：测试设备的电气安全、机械安全等方面，确保设备在使用过程中不会对人员和环境造成危害，并具备可靠性。

（5）提高客户满意度：通过提供高质量的维修和测试服务，提高客户对产品性能的满意度，增强客户忠诚度。

（二）测试内容

为了实现上述测试目的，以下是一些常见的测试内容。

（1）功能测试：对修复后的设备进行全面的功能测试，包括输入、输出、显示、控制等各项功能。确保设备在正常工作条件下能够正常运行，无异常现象。

（2）性能测试：根据设备的技术规格和设计要求，对设备的性能指标进行检测。例如，测量设备的电压、电流、功率、频率、信噪比等参数，并与正常设备进行对比，以确保性能达到预期标准。

（3）环境适应性测试：模拟实际使用环境，对设备进行高低温、湿度、振动等环境适应性测试。评估设备在不同环境条件下的性能表现和适应性。

（4）电磁兼容性测试：检测设备在电磁环境中的性能表现，包括电磁辐射、电磁抗干扰等。确保设备在使用过程中不会对周围其他电子设备造成干扰或影响。

（5）安全性能测试：评估设备的电气安全、机械安全等方面，确保设备在使用过程中符合相关安全标准和规定。

（6）可靠性分析：对设备进行寿命测试和失效分析，以评估设备的可靠性和使用寿命。通过统计和分析设备的故障率、平均无故障时间等参数，为设备的持续改进提供依据。

（7）对比分析：将修复后的设备与同型号的正常设备进行对比分析，找出设备的优势和不足，为进一步优化设备的性能提供参考。

（8）故障复现与验证：在测试过程中，如果发现异常或故障现象，应进行详细记录并分析其原因。通过复现和验证故障，进一步了解设备的薄弱环节和潜在问题，为后续的维修和改进提供依据。

（9）用户反馈与验证：在完成测试后，收集用户对设备性能的反馈意见，并与用户沟通确认修复效果。根据用户的反馈意见进行相应的调整和改进，以提高用户满意度。

（10）文档记录：在整个测试过程中，应详细记录测试数据、结果和结论。形成完整的测试报告，以便后续分析和追溯。同时，这些记录可以为设备的后续维修和改进提供宝贵的参考信息。

（11）预防性维护与建议：根据测试结果和经验，向用户提供预防性维护的建议和措施。例如，建议用户定期进行设备检查、更换易损件等措施，以降低设备故障的发生率。同时，为用户提供有关设备保养和维护的指导资料，帮助用户更好地管理和维护设备。

（12）培训与交流：对于用户在使用和维护设备过程中遇到的问题和困难，提供必要的培训和交流支持。通过培训课程、在线指导等方式帮助用户掌握正确的使用和维护技巧，提高用户对设备的认识和使用水平。

二、验证方法与标准

（一）验证方法

在电子设备故障修复后，验证设备的性能和可靠性是至关重要的环节。以下是一些常见的验证方法。

（1）对比验证：将修复后的设备与同型号的正常设备进行对比，在相同的测试条件下评估其性能参数。通过对比测试结果，可以直观地了解修复后设备的性能水平。

（2）故障重现验证：在测试过程中，如果发现异常或故障现象，应进行详细记录并分析其原因。通过复现和验证故障，进一步确认故障是否已被成功修复，并确保设备在使用中不会出现类似问题。

（3）可靠性分析：对设备进行寿命测试和失效分析，通过统计和分析设备的故障率、平均无故障时间等参数，评估设备的可靠性和使用寿命。可靠性分析有助于了解设备在长时间使用过程中的性能表现和潜在风险。

（4）压力测试：在设备承受较大负载或极端条件下进行测试，以检测设备是否存在过载、过热等问题。压力测试有助于发现设备在极限条件下的性能瓶颈和薄弱环节。

（5）兼容性测试：检查设备在不同操作系统、软件版本等不同环境下是否具有良好的兼容性。通过兼容性测试，确保设备能够与各种软件和硬件正常交互，避免出现兼容性问题。

（6）自动化测试工具：利用自动化测试工具进行大规模、快速、准确的测试。自动化测试工具可以提高测试效率，减少人工操作误差，并快速定位问题所在。

（7）用户反馈与验证：在完成测试后，收集用户对设备性能的反馈意见，并与用户沟通确认修复效果。根据用户的反馈意见进行相应的调整和改进，以提高用户满意度。

（二）验证标准

在电子设备故障修复后验证中，应遵循以下标准以确保测试的准确性和可靠性。

（1）性能标准：根据设备的规格和设计要求，制定相应的性能标准。这些标准应包括设备的各项性能参数、工作范围、精度等要求。通过与性能标准的对比，评估设备是否达到预期的性能水平。

（2）可靠性标准：可靠性标准包括设备的平均无故障时间、故障率等参数。制定合理的可靠性标准有助于评估设备的稳定性和使用寿命，确保设备在使用过程中具备良好的可靠性表现。

（3）环境适应性标准：根据设备的使用环境要求，制定相应的环境适应性标准。包括温度、湿度、振动等环境条件下的性能表现和适应性要求。确保设备在实际使用环境中能够稳定运行。

（4）安全性能标准：制定设备的安全性能标准，包括电气安全、机械安全等方面的要求。确保设备在使用过程中符合相关安全标准和规定，降低潜在的安全风险。

（5）兼容性标准：制定设备的兼容性标准，明确设备在不同操作系统、软件版本等不同环境下的兼容性要求。确保设备能够与各种软件和硬件正常交互，避免出现兼容性问题。

（6）测试数据管理标准：制定测试数据的管理标准，包括数据采集、存储、处理和分析等方面的要求。确保测试数据的准确性和可靠性，为后续的故障分析和改进提供依据。

（7）测试报告编写标准：制定测试报告的编写标准，包括报告内容、格式、编写要求等。确保测试报告的准确性和完整性，方便后续分析和追溯。

（8）验证结果判定标准：根据验证结果，制定相应的判定标准。明确设备是否通过验证、是否需要进行进一步调整和改进等方面的要求。确保验证结果的准确性和一致性。

（9）用户满意度标准：制定用户满意度调查的标准和方法，了解用户对设备性能的满意度和需求。根据用户反馈意见进行相应的改进和优化，提高用户满意度和忠诚度。

（10）预防性维护与建议标准：根据测试结果和经验，制定预防性维护与建议的标准和措施。为用户提供有关设备保养和维护的指导资料和建议措施，降低设备故障的发生率。同时，为用户提供必要的培训和交流支持，提高用户对设备的认识和使用水平。

第九章 安全与环境保护

第一节 安全工作与规范

一、安全工作的概念与重要性

(一)电子设备安全工作的概念

电子设备安全工作是指通过一系列的措施和手段,确保电子设备在使用过程中能够满足安全要求,避免因设备故障、人为操作失误等原因造成的人员伤亡、财产损失和环境破坏。电子设备安全工作涵盖了设备的设计、制造、使用、维护等各个环节,涉及电气安全、机械安全、环境安全等多个方面。

(二)电子设备安全工作的重要性

电子设备安全工作对于保障人们的生命财产安全、维护社会稳定、促进经济发展等方面都具有重要意义。以下是电子设备安全工作的重要性。

1.保障人员生命安全

电子设备广泛应用于人们的日常生活和工作中,如家用电器、工业控制设备、交通工具等。如果电子设备存在安全隐患,可能会导致设备故障、失灵或起火爆炸等危险情况,对人们的生命安全构成威胁。因此,电子设备安全工作是保障人员生命安全的重要措施。

2.维护社会稳定

电子设备在各行各业中扮演着重要的角色,如医疗设备、通信设施、能源设施等。如果这些关键设备的运行出现问题,可能会造成重大事故和灾害,对社会的稳定和安全造成严重影响。因此,电子设备安全工作是维护社会稳定的重要保障。

3.促进经济发展

电子设备是现代工业和经济发展的重要支撑，尤其在制造业、信息技术产业、新能源产业等领域。电子设备的安全稳定运行是保障企业正常生产和经济效益的重要前提。因此，电子设备安全工作对于促进经济发展具有重要意义。

4.提高企业竞争力

随着市场竞争的加剧和消费者对产品安全的关注度不断提高，企业的产品安全性已成为影响消费者选择的重要因素之一。一个重视电子设备安全工作的企业，能够提供更可靠、更安全的产品和服务，从而提高企业的市场占有率和竞争力。

5.增强国家安全

在国家安全层面，电子设备的安全性对于保障国家的战略利益和军事安全具有重要意义。例如，军事装备、通信系统、航天技术等领域所使用的电子设备，其安全性直接关系到国家的安全和利益。因此，加强电子设备安全工作是国家安全的必要保障。

综上所述，电子设备安全工作对于保障人们的生命财产安全、维护社会稳定、促进经济发展等方面都具有重要意义。随着科技的不断发展，电子设备的安全性面临着越来越多的挑战和要求。因此，我们需要不断加强电子设备安全工作的研究和实践，提高电子设备的安全性能和可靠性，为人们的生产和生活提供更加安全和可靠的保障。同时，政府和企业也需要加强监管和自律，确保电子设备的质量和安全性符合相关标准和规定，推动电子设备行业的健康发展。

二、安全规范与操作规程

（一）电子设备安全规范

电子设备安全规范是为了确保电子设备在使用过程中能够满足安全要求而制定的一系列标准和规定。这些规范涉及电气安全、机械安全、环境安全等多个方面，对电子设备的设计、制造、使用和维护具有重要的指导意义。以下是电子设备安全规范的主要内容。

1.电气安全规范

电气安全规范是确保电子设备在正常工作和故障状态下都符合安全要求的重要标准。这不仅关乎使用者的生命安全，还涉及设备的可靠性和稳定性。因此，遵循电气安全规范对于生产商和用户来说都是至关重要的。

首先，设备应具备过载保护和短路保护等基本电气保护功能。过载保护是为了防止设备在长时间超负荷工作状态下产生的热量积累，从而导致设备损坏或火灾事故。而短路保护则是为了在电路出现突然短路的情况下，迅速切断电源，防止电流过大造成设备损坏或火灾。这些保护措施能够有效地减少设备故障的风险，提高设备的使用寿命。

其次，设备应具备接地措施。接地是为了将设备的外壳或线路上的静电和漏电电流引入大地，从而避免对人体和设备造成伤害。正确的接地措施能够有效地防止触电事故的发生，保障使用者的生命安全。

此外，设备还应具备防雷击和防电磁脉冲等防护措施。雷电和电磁脉冲是一种自然灾害和电磁干扰源，如果不采取适当的防护措施，可能会对电子设备造成损坏或干扰，影响设备的正常运行。因此，设备应具备相应的防护措施，以确保在遭受自然灾害和电磁干扰时能够安全运行。

最后，设备应符合相关国家和地区的电气安全标准。不同的国家和地区都有自己的电气安全标准和认证要求，如 CE 认证、UL 认证等。这些标准和认证要求是为了确保电子设备在各种条件下都能符合安全要求，保证使用者的生命安全和设备的可靠性。

遵循电气安全规范不仅有助于保障使用者的生命安全和设备的可靠性，还有助于提高企业的声誉和竞争力。因为只有那些注重安全的企业才能赢得消费者的信任和忠诚。同时，遵循电气安全规范也是企业社会责任的体现，有助于树立企业的良好形象并促进可持续发展。

综上所述，电气安全规范是电子设备安全规范的重要组成部分，涉及设备正常工作和故障状态下的人身安全和设备安全。为了确保电子设备的安全性能，生产商和用户都应该严格遵循电气安全规范，并采取相应的保护措施和技术手段。只有这样，才能真正保障使用者的生命安全和设备的可靠性，促进企业的可持续发展并赢得消费者的信任和忠诚。

2.机械安全规范

机械安全规范是电子设备安全规范中不可或缺的一部分，主要关注电子设备的机械结构、运动部件和固定部件的安全性。对于任何电子设备来说，其机械结构不仅影响到设备的稳定性，还直接关系到使用者的安全。

首先，设备的机械结构应具备足够的强度和稳定性。这意味着设备的外壳、支架等结构应能够承受正常工作状态下的各种力和力矩。在设计和制造过程中，应充分考虑各种实际工作场景下的受力情况，并确保设备能够始终保持稳定。这样可以防止设备在工作中发生变形、断裂或倾覆，从而避免对使用者造成伤害。

其次，设备的运动部件应具备防护措施。由于运动部件在工作过程中会高速运转或产生移动，如果不加以防护，可能会对人体造成割伤、碰撞等伤害。因此，应通过设置防护罩、防护栏等方式，将运动部件与人体隔离，确保使用者在操作设备时不会被运动部件所伤。

此外，设备的固定部件也应牢固可靠。在一些极端情况下，如地震、碰撞等，设备可能会受到强烈的振动或冲击。此时，如果固定部件不牢固，可能会导致设备脱落或损坏，从而对使用者造成伤害。因此，在设计和制造过程中，应对固定部件进行严格的测试和验证，确保其能够承受各种极端情况的考验。

最后，设备应符合相关国家和地区的机械安全标准。由于不同国家和地区对于机械安全的要求可能存在差异，为了确保设备的全球适用性，应了解并遵守相关国家和地区的机械安全标准。这些标准通常会涉及设备的机械结构、运动部件、固定部件等多个方面的要求。只有符合这些标准，设备才能在全球范围内得到广泛的应用和接受。

遵循机械安全规范有助于提高电子设备的安全性能，保障使用者的生命安全和设备的可靠性。同时，这也是企业社会责任的体现，有助于树立企业的良好形象并促进可持续发展。因此，生产商和用户都应高度重视机械安全规范的要求，并采取相应的措施来确保电子设备的机械安全性。

总之，机械安全规范对于电子设备来说至关重要。从设备的机械结构、运动部件到固定部件，每一个细节都涉及使用者的安全和设备的可靠性。为了确保电子设备的安全性能，生产商和用户都应严格遵循机械安全规范的要求，并采取相应的措施来保障设备的安全性和稳定性。同时，我们也应该不断提高机械安全规范的标准和要求，以适应不断发展的电子设备和技术的需要。

3.环境安全规范

环境安全规范是确保电子设备在各种环境条件下都能够正常、稳定运行的关键因素。在设计和制造电子设备时，必须充分考虑其在不同环境下的适应性和可靠性，以确保设备的安全性和性能。

首先，设备应能够在规定的温度、湿度、气压等环境下正常工作。由于不同的地区和场所可能存在不同的环境条件，因此，在设计和制造过程中，应对设备进行充分的测试和验证，以确保其能够在各种极端环境下正常工作。这包括高温、低温、高湿度、低湿度、高压、低压等各种环境条件下的测试，以确保设备的可靠性和稳定性。

其次，设备应具有防水、防尘、防震等防护措施，以适应各种复杂的环境条件。在某些场所，如工业生产车间、室外环境等，设备可能会面临各种复杂的自然环境条件，如水、尘土、震动等。因此，设备必须具备相应的防护措施，以避免因环境因素造成的损坏或性能下降。这可以通过密封、防水设计、防尘设计、减震设计等方式实现，以确保设备在各种复杂环境下能够稳定运行。

此外，设备应具有抗电磁干扰、抗静电等防护措施，以确保在复杂电磁环境下能够稳定运行。在某些场所，如电磁炉、高压线附近等，设备可能会面临各种电磁干扰和静电干扰。这些干扰可能会对设备的正常工作造成影响，甚至损坏设备。因此，设备必须具备相应的抗干扰能力，以避免因电磁干扰和静电干扰造成的损坏或性能下降。这可以通过采用屏蔽、滤波、接地等技术实现，以提高设备的抗干扰能力。

最后，设备应符合相关国家和地区的环保标准。随着全球环保意识的不断提高，越来越多的国家和地区开始制定和实施各种环保标准，如 RoHS、WEEE 等。这些标准要求电子设备中使用的材料和零部件必须符合环保要求，以减少对环境的污染。因此，在设计和制造过程中，应充分考虑这些环保标准的要求，采用环保材料和零部件，以减少对环境的负面影响。

遵循环境安全规范有助于提高电子设备的环境适应性和可靠性，保障设备的正常工作和使用寿命。同时，这也是企业社会责任的体现，有助于树立企业的良好形象并促进可持续发展。因此，生产商和用户都应高度重视环境安全规范的要求，并采取相应的措施来确保电子设备的环境安全性和可靠性。

总之，环境安全规范对于电子设备来说至关重要。从设备的温度、湿度、气压适应性到防水、防尘、防震等防护措施，再到抗电磁干扰、抗静电等防护措施，每一个细节都涉及设备的可靠性和稳定性。为了确保电子设备的安全性能和可靠性，生产商和用户都应严格遵循环境安全规范的要求，并采取相应的措施来保障设备的环境安全性和可靠性。同时，我们也应该不断提高环境安全规范的标准和要求，以适应不断发展的电子设备和技术的需要。

（二）电子设备操作规程

电子设备操作规程是为了保障电子设备的安全和稳定运行而制定的一系列操作要求和注意事项。操作规程应根据设备的具体类型、使用环境和应用要求进行制定，确保操作人员能够正确、安全地使用设备。以下是电子设备操作规程的主要内容。

1.开机操作规程

开机操作规程是电子设备操作中至关重要的一环，它不仅涉及设备的正常启动，还与设备的长期稳定运行息息相关。以下是对开机操作规程的详细解读。

首先，在开机之前，用户需要检查电源线是否连接正常。这是确保设备能够正常供电的关键步骤。任何电源线的不稳定或错误连接都可能导致设备损坏或安全事故。因此，检查电源线的步骤不可省略，需要确保电源电压符合设备的要求。

其次，按照设备的使用说明进行初始状态的设定是必要的步骤。不同的设备可能有不同的初始设置要求，例如输入密码、选择模式、配置网络连接等。用户需要仔细阅读设备的使用说明，并根据设备的要求进行相应的初始状态设定。这可以确保设备在启动后能够按照用户的需求进行工作。

第三，启动设备并观察其启动过程是否正常，这是判断设备是否正常运行的重要步骤。在设备启动过程中，用户需要观察显示屏是否亮起、是否有异常声音、是否有异常气味等。如果发现任何异常情况，如显示屏不亮、异常声音或气味等，用户应立即停止启动，并检查设备的故障原因。这可能涉及检查电源线、重新设定设备状态、检查设备硬件等方面。只有当故障排除后，才能再次尝试启动设备。

此外，在设备启动后，用户还需要进行进一步的检查和测试，以确保设备的功能正常。这可能包括检查设备的显示、按键、声音等方面是否正常工作。如果发现任何异常情况，用户应立即停止使用设备，并与设备制造商或专业维修人员联系以寻求帮助。

遵循开机操作规程有助于确保电子设备的正常启动和稳定运行，延长设备的使用寿命。同时，这也是用户对设备安全和自身权益的保障。因此，用户在使用电子设备时，应严格遵循开机操作规程，以确保设备的正常运行和自身的安全。

为了帮助用户更好地理解和遵循开机操作规程，设备制造商或供应商通常会提供详细的使用说明和操作指南。用户在购买或使用电子设备时，应仔细阅读这些使用说明和操作指南，以确保自己了解正确的开机步骤和注意事项。此外，用户还可以通过互联网、社交媒体等渠道查找相关的操作教程和视频，以获取更多关于电子设备开机操作的信息和指导。

总之，开机操作规程是电子设备操作中不可或缺的一部分。用户需要认真遵循操作规程的步骤和要求，确保设备的正常启动和稳定运行。同时，用户还应提高自身的安全意识和技术水平，以便更好地管理和维护自己的电子设备。通过遵循开机操作规程和不断提高自身的技能水平，用户可以更好地享受电子设备带来的便利和乐趣。

2.运行操作规程

运行操作规程是电子设备操作的核心环节，它涉及设备的正常运行、数据的处理以及各种参数的调整。以下是关于运行操作规程的详细解读：

首先，用户需要根据设备的具体要求进行操作。这可能涉及输入数据、调整参数、选择工作模式等。不同的设备有不同的操作要求，用户需要仔细阅读设备的使用说明，并根据设备的指示进行相应的操作。在输入数据和调整参数时，用户需要确保信息的准确性和完整性，以避免设备出现误动作或错误结果。同时，用户还需要遵循设备的操作顺序和规范，以确保设备的正常运行和数据的正确处理。

其次，在设备运行过程中，用户需要时刻注意观察设备的状态和指示。设备通常会提供各种状态指示灯和显示屏幕，以帮助用户了解设备的运行状态和各种参数。如果发现任何异常情况，如设备故障、数据错误、参数异常等，用户应及时处理。这可能涉及停止设备运行、重置设备参数、联系设备制造商或专业维修人员等。及时处理异常情况可以避免设备损坏或数据丢失，同时也可以保护用户的利益和安全。

第三，按照设备的保养和维护要求进行定期的检查和维护是至关重要的。电子设备是一种精密的仪器，需要定期的保养和维护以确保其正常运行和使用寿命。用户应遵循设备制造商或供应商提供的使用指南和保养计划，定期对设备进行清洁、润滑、更换部件等维护工作。同时，用户还需要定期检查设备的硬件和软件是否正常工作，如发现任何问题应及时处理或寻求专业帮助。

最后，在设备运行过程中，如需进行关机或重启等操作，应先保存当前工作状态。这是为了避免数据丢失或损坏，保护用户的利益和工作的连续性。在关机或重启之前，用户应退出当前工作模式或保存工作进度，并关闭所有正在运行的程序或任务。此外，用户还应注意在适当的时候关闭设备以节省能源和延长设备的使用寿命。在关机或重启之后，用户应重新启动设备并进行必要的检查和设置，以确保设备能够正常地继续工作。

为了更好地理解和遵循运行操作规程，用户可以参考设备制造商或供应商提供的使用指南和技术支持。这些指南通常会详细介绍设备的操作步骤、保养计划和维护要求，帮助用户更好地管理和维护自己的电子设备。此外，用户还可以通过互联网、社交媒体等渠道查找相关的操作教程和技术支持信息，以获取更多关于电子设备操作和保养的知识和技巧。

总之，运行操作规程是电子设备操作的核心环节。用户需要认真遵循操作规程的步骤和要求，确保设备的正常运行和使用寿命。同时，用户还应提高自身的技术水平和管理能力，以便更好地管理和维护自己的电子设备。通过遵循运行操作规程和不断提高自身的技能水平，用户可以更好地享受电子设备带来的便利和乐趣。

3.关机操作规程

关机操作规程是电子设备操作规程的重要组成部分，它涉及设备的关闭和断电操作，对于保护设备、避免数据丢失和损坏具有重要意义。以下是关于关机操作规程的详细解读。

首先，在完成设备的使用后，用户应按照设备的关机步骤进行操作。这通常涉及退出正在运行的程序、关闭应用程序、保存工作进度等操作。用户应确保在关机前完成所有必要的操作，避免数据丢失或损坏。同时，用户还应注意在关机前关闭所有外部设备和连接，如打印机、外部存储器等，以避免对设备造成不必要的负担或影响。

其次，在关机过程中，用户应注意设备的关机顺序和指示。不同设备的关机顺序可能会有所不同，用户需要仔细阅读设备的使用说明，并遵循设备的指示进行关机操作。有些设备可能需要先关闭应用程序或退出程序，然后再关闭设备电源；有些设备可能需要先关闭设备电源，然后再断开其他连接。用户应确保按照正确的顺序进行关机操作，避免误操作造成设备损坏或数据丢失。

第三，在设备完全关闭后，用户应断开电源线。这可以确保设备的安全和稳定，避免造成电击、火灾等安全事故。同时，断开电源线还可以避免设备在意外情况下重新启动或运行，确保设备的正常运行和使用寿命。在断开电源线时，用户应注意先关闭设备的电源开关，然后拔出电源插头或断开电源连接。

最后，在长时间不使用设备时，用户应按照设备的保养和维护要求进行定期的检查和维护。电子设备是一种精密的仪器，需要定期的保养和维护以确保其正常运行和使用寿命。用户应遵循设备制造商或供应商提供的使用指南和保养计划，定期对设备进行清洁、润滑、更换部件等维护工作。同时，用户还需要定期检查设备的硬件和软件是否正常工作，如发现任何问题应及时处理或寻求专业帮助。

为了更好地理解和遵循关机操作规程，用户可以参考设备制造商或供应商提供的使用指南和技术支持。这些指南通常会详细介绍设备的关机步骤、顺序和指示，帮助用户更好地管理和维护自己的电子设备。此外，用户还可以通过互联网、社交媒体等渠道查找相关的操作教程和技术支持信息，以获取更多关于电子设备操作和保养的知识和技巧。

总之，关机操作规程是电子设备操作规程的重要组成部分。用户需要认真遵循关机操作规程的步骤和要求，确保设备的正常关闭和安全稳定。同时，用户还应提高自身的技术水平和管理能力，以便更好地管理和维护自己的电子设备。通过遵循关机操作规程和不断提高自身的技能水平，用户可以更好地享受电子设备带来的便利和乐趣。

4.异常处理操作规程

异常处理操作规程是电子设备操作规程中不可或缺的一环，它涉及设备故障的发现、判断和处理，对于保证设备的正常运行和使用寿命具有重要意义。以下是关于异常处理操作规程的详细解读。

首先，在设备出现异常情况时，用户或操作人员应及时发现并记录异常现象。这需要设备使用者具备基本的故障发现能力，对设备的运行状态和正常表现有一定的了解。一旦发现异常，如设备运行速度变慢、程序崩溃、显示异常等，应立即停止使用，并记录异常现象的具体表现，如声音、图像、气味等。记录异常现象的目的是为后续的故障判断和修复提供依据。

其次，根据异常现象，用户或操作人员需要进行故障判断，初步判断故障原因和位置。这一步需要一定的专业知识和经验，用户可以通过查阅设备的使用手册、技术文档或寻求专业人员的帮助来进行故障判断。常见的故障原因可能包括硬件故障、软件故障、电源问题等。通过初步的故障判断，可以确定故障的大致范围，为后续的维修工作提供方向。

第三，按照设备的维修和保养要求进行故障处理。根据初步判断的故障原因和位置，可能需要更换部件、调整参数或进行软件修复等操作。用户应遵循设备的维修指南或寻求专业人员的指导进行故障处理。在处理过程中，应注意安全，避免造成二次损坏或人身伤害。同时，用户还应注意设备的保养和维护，定期进行清洁、润滑等操作，以预防设备故障的发生。

最后，在故障处理后，应进行设备测试和验证，确保设备恢复正常工作状态。测试和验证的目的是确认故障是否已经解决，设备是否能够正常工作。在测试和验证过程中，应全面检查设备的各项功能和性能指标，确保其正常运行。如发现设备仍存在问题，应及时进行进一步的故障排除或寻求专业人员的帮助。

为了更好地理解和遵循异常处理操作规程，用户可以参考设备制造商或供应商提供的使用指南和技术支持。这些指南通常会详细介绍设备的故障判断和处理方法，帮助用户更好地管理和维护自己的电子设备。同时，用户还可以通过互联网、社交媒体等渠道查找相关的操作教程和技术支持信息，以获取更多关于电子设备维修的知识和技巧。

总之，异常处理操作规程是电子设备操作规程的重要环节。用户需要认真遵循异常处理操作规程的步骤和要求，确保设备的故障得到及时发现和处理。同时，用户还应提高自身的技术水平和管理能力，以便更好地管理和维护自己的电子设备。通过遵循异常处理操作规程和不断提高自身的技能水平，用户可以更好地应对电子设备故障问题，保证设备的正常运行和使用寿命。

5.安全防护操作规程

安全防护操作规程是电子设备操作规程中的关键环节，它涉及设备的安全防护和使用注意事项，对于保护设备和用户的安全具有重要意义。以下是关于安全防护操作规程的详细解读。

首先，在使用设备时，用户应注意设备的防尘、防水、防震等防护措施，确保设备的安全使用。电子设备在运行过程中容易受到环境的影响，如灰尘、水汽和震动等，这些因素可能导致设备故障或影响其性能。因此，用户应采取相应的防护措施，如定期清洁设备、避免设备接触水源、将设备放置在平稳的工作台上等，以确保设备的正常运行和使用寿命。

其次，在使用设备时，用户应注意避免接触设备的危险部位和部件，防止发生意外伤害。不同的电子设备有不同的危险部位和部件，如高压电源、高温元件、锋利的边角等。用户在使用设备时应特别小心，避免接触这些危险部位和部件，防止发生触电、烫伤等意外伤害。同时，用户还应注意设备的安全标识和警告标识，遵循安全操作规程，确保自身和他人的安全。

第三，在设备出现故障或异常情况时，用户应立即停止使用，寻求专业人员的帮助和处理。电子设备出现故障或异常情况时，如显示屏破裂、异常声响、电线裸露等，用户应立即停止使用，并寻求专业人员的帮助和处理。用户切勿自行拆解或修理设备，以免造成更严重的损坏或安全事故。同时，用户应定期检查设备的维护和保养情况，确保设备的正常运行和使用寿命。

最后，在使用设备时，用户应按照设备的保养和维护要求进行定期的检查和维护，确保设备的稳定性和可靠性。电子设备在使用过程中会逐渐出现磨损和老化现象，因此需要定期进行保养和维护。用户应遵循设备的保养和维护要求，定期检查设备的各项功能和性能指标，如清洁、润滑、更换部件等。同时，用户还应注意设备的运行环境和条件，如温度、湿度、灰尘等，确保设备在良好的环境下工作。

为了更好地理解和遵循安全防护操作规程，用户可以参考设备制造商或供应商提供的安全指南和技术支持。这些指南通常会详细介绍设备的安全防护措施和使用注意事项，帮助用户更好地管理和维护自己的电子设备。同时，用户还可以通过互联网、社交媒体等渠道查找相关的操作教程和技术支持信息，以获取更多关于电子设备安全防护的知识和技巧。

总之，电子设备安全规范与操作规程是保障电子设备安全、稳定运行的重要保障措施。通过制定和实施相应的安全规范和操作规程，可以有效降低电子设备在使用过程中发生故障和事故的风险，提高设备的使用寿命和可靠性。同时，也能够帮助操作人员更好地了解和使用电子设备，避免因误操作造成设备损坏或人身伤害。

第二节 环境保护与电子废物处理

一、环境保护的概念与意义

（一）电子设备环境保护的概念

电子设备环境保护是指通过一系列措施，减少电子设备对环境的负面影响，同时合理利用资源，促进电子设备的可持续发展。这一概念涉及多个方面，包括减少污染、节能减排、废物处理和再利用等。

（二）电子设备环境保护的意义

1. 减少环境污染

电子设备在生产、使用和废弃过程中，会产生大量的废气、废水和固体废物，对环境造成严重污染。同时，电子设备在使用过程中还会产生电磁辐射等污染。通过环境保护措施，可以有效减少这些污染物的排放，保护环境。

2. 节约能源

电子设备在生产和使用过程中需要消耗大量的能源，如电、水、原材料等。通过优化设计、提高生产效率和使用节能技术，可以减少能源的消耗，降低生产成本，同时也有助于缓解能源紧张的问题。

3. 促进可持续发展

环境保护是可持续发展的重要组成部分。通过推动电子设备环境保护，可以促进电子行业的可持续发展，为社会和经济的可持续发展做出贡献。

（三）电子设备环境保护的措施

1. 优化设计

优化设计是电子设备环境保护的重要措施之一。通过改进产品设计，采用环保材料和工艺，可以降低产品的环境影响。例如，采用可再生能源、减少包装材料的使用、优化电路设计等。

2. 提高生产效率

提高生产效率可以减少资源和能源的消耗，降低生产成本。通过引入先进的生产技术和设备，提高生产自动化程度，优化生产流程和管理模式，可以提高生产效率，同时减少环境污染。

3. 废物处理和再利用

电子设备废弃后，会产生大量的固体废物。通过合理的废物处理和再利用措施，可以减少对环境的压力。例如，采用回收再利用技术将废弃电子设备中的有价材料提取出来，进行再利用；同时也可以采用生物降解材料等环保方式处理废弃电子设备。

4.推动绿色采购

政府和企业可以推动绿色采购政策，鼓励采购环保产品和服务，促进环保产业的发展。通过采购符合环保标准的产品和服务，可以带动整个产业链的环保意识和行动，推动整个行业的绿色转型。

5.加强宣传教育

加强宣传教育是推动电子设备环境保护的重要措施之一。通过提高公众的环保意识和参与度，可以形成全社会的环保氛围，促进企业和个人积极参与到环保行动中来。同时，加强环保教育也可以提高人们的环保素养和环保意识，为推动环保事业的发展提供有力支持。

电子设备环境保护是当前社会关注的热点问题之一。随着科技的不断进步和人们对环保意识的不断提高，电子设备环境保护将成为一个重要的趋势和方向。未来，随着环保技术的不断发展和创新，电子设备环境保护将会有更多的突破和发展空间。同时，政府和社会各界也需要加强合作和努力，推动电子设备环境保护事业的发展，为保护地球家园和建设美好未来做出更大的贡献。

二、电子废物处理方法与规范

（一）电子废物的分类与特点

电子废物是指不再需要或无法使用的电子设备或其零部件。主要包括各种废旧电子产品，如废旧电脑、手机、家电等。这些废物中含有大量有害物质，如重金属、有机污染物等，对环境和人体健康造成威胁。

（二）电子废物处理方法

1.物理处理

物理处理是指通过机械破碎、磁选、风选、浮选等物理手段，将电子废物中的各类物质进行分离和回收。这种方法适用于处理大量电子废物，可以回收部分有价值物质，如金属、塑料等。但物理处理过程中无法消除有害物质，可能对环境造成二次污染。

2.化学处理

化学处理是指利用化学反应将电子废物中的有害物质转化为无害或低危害

物质。例如，利用酸碱中和反应消除重金属离子，利用氧化还原反应处理有机污染物等。化学处理可以有效去除有害物质，但处理过程中会产生大量废液和废气，需要严格控制处理条件和废弃物的安全处置。

3.生物处理

生物处理是指利用微生物降解有机废物的方法。通过微生物的代谢作用，将有机废物转化为稳定的无害物质。生物处理对环境友好，但处理时间较长，且对微生物的驯化和培养要求较高。

（三）电子废物处理规范

1.处理资质与许可

电子废物处理需要具备相应的资质和许可，符合相关法律法规和标准要求。从事电子废物处理的企业应取得相应的环保资质和经营许可，确保其处理活动合法合规。

2.处理设施与设备

电子废物处理需要配备相应的设施和设备，包括破碎、分离、回收和处置设备等。这些设施和设备应符合相关标准和要求，确保处理过程的安全和有效性。同时，企业应定期对设施和设备进行维护和检修，确保其正常运行。

3.环保要求与排放标准

电子废物处理应符合相关环保要求和排放标准。企业应建立完善的环保管理制度，确保处理过程中产生的废气、废水和固体废物的排放符合国家和地方标准。对于超标排放的情况，企业应及时采取措施进行整改，并承担相应的法律责任。

4.资源回收与再利用

电子废物中含有大量可回收利用的资源，如金属、塑料等。企业应采取有效措施进行资源回收和再利用，提高资源利用效率，降低能源消耗和环境污染。同时，回收和再利用过程中应确保符合相关环保要求和标准。

5.废弃物处置与监管

电子废物处理过程中产生的废弃物应按照相关规定进行安全处置。企业应建立废弃物管理制度，明确各类废弃物的处置方式和途径，确保废弃物得到妥善处理。同时，相关部门应加强对电子废物处理的监管力度，对违法违规行为进行严厉打击，保障环境安全和社会公共利益。

电子废物处理是环境保护领域的重要议题之一。随着电子设备的大量使用和处理难度的增加，电子废物处理面临着诸多挑战。未来，我们需要进一步加强电子废物处理技术的研究和创新，提高处理效率和资源回收率；同时加强相关法规和标准的制定与执行力度，推动电子废物处理的规范化、专业化和产业化发展；并提高公众的环保意识和参与度，形成全社会的环保共识和行动，共同推进电子废物处理的可持续发展。

第十章 专业素质与职业道德

第一节 电子电路维修人员的专业素质要求

一、专业知识和技能要求

（一）电子基础知识

电子电路维修人员首先需要具备扎实的电子基础知识，包括电路理论、电子元件、基本电路类型、信号处理等方面的知识。这些基础知识有助于维修人员理解电路的工作原理，分析电路故障，并采取适当的维修措施。

（二）电路分析能力

维修人员在对电子设备进行维修时，不仅需要具备扎实的理论知识，还需要拥有丰富的实践经验。首先，他们需要具备高度的电路分析能力，这是诊断和解决电路故障的基础。维修人员需要能够根据电路原理图和实物图进行电路检查，通过观察和分析电路中的电流、电压、电阻等参数，确定故障的原因和位置。

为了实现这一目标，维修人员需要深入了解电路的基本原理和电子元件的工作机制。他们需要熟悉各种类型的电子元件，如电阻、电容、电感、二极管、晶体管等，了解它们在电路中的作用和工作原理。此外，维修人员还需要掌握基本的模拟电路和数字电路知识，因为现代电子设备中模拟电路和数字电路经常交织在一起，对两者的理解是必不可少的。

在了解电路原理和元件知识的基础上，维修人员还需要掌握一定的实践操作技能。他们需要熟练使用各种维修工具和测试设备，如万用表、示波器、频谱分析仪等，以便能够准确地测量和分析电路中的信号。此外，维修人员还需要具备焊接技能，以便在必要时修复或替换电路中的元件。

除了技术和理论能力外，维修人员还需要具备良好的沟通能力和团队合作精神。他们需要与客户或设备使用者进行沟通，了解设备故障的具体表现和情况，以便能够快速准确地诊断和解决问题。同时，维修人员还需要与其他专业技术人员合作，共同解决复杂的设备问题。

此外，维修人员还需要不断学习和更新知识。电子技术和电路设计在不断发展和变化，新的元件和电路设计不断涌现。为了保持专业竞争力，维修人员需要时刻关注行业动态和技术发展，通过参加培训、阅读专业文献、参与技术交流等方式不断提高自己的知识和技能水平。

综上所述，维修人员需要具备高度的电路分析能力、丰富的实践经验、良好的沟通能力和团队合作精神，以及不断学习和更新的意愿和能力。这些能力和素质的具备，将有助于维修人员更好地应对各种电子设备维修任务，提高设备的可靠性和稳定性，为用户提供高效、专业的技术支持和服务。

此外，为了更好地完成维修工作，维修人员还需要注意一些其他方面的问题。例如，他们需要遵守安全操作规程，确保在维修过程中不会对自身或设备造成损害。同时，他们还需要保持工作场所的整洁和安全，确保维修工作的顺利进行。

总之，维修人员是电子设备维护和保障的重要力量。他们需要具备全面的知识和技能，并不断提高自己的专业水平和实践经验。只有这样，他们才能更好地应对各种维修任务，为用户提供高效、专业的技术支持和服务。

（三）实操技能

电子电路维修，作为一项专业而又精细的工作，要求维修人员具备熟练的实操技能。这不仅是对理论知识掌握的检验，更是对实际操作能力的考验。在维修工作中，焊接技术、电路板测量技术和替换元件技术是维修人员必须掌握的基本技能。

首先，焊接技术是每一位电子电路维修人员必须精通的基本技能。焊接质量的好坏直接影响到维修工作的成败。一个完美的焊接点应当是光滑、整洁、无虚焊的，能够保证电流的顺畅流通。这就要求维修人员必须熟练掌握焊台和焊锡的使用技巧。他们需要学会根据不同的元件和材料选择合适的焊台温度和焊锡，掌握焊点的形成过程和焊接的最佳时机。同时，他们还需要学会处理焊接过程中可能出现的各种问题，如防止虚焊、避免焊点断裂等。

其次，电路板测量技术也是维修人员必须掌握的重要技能之一。在电子设备中，电路板是实现各种功能的核心部件，其上的元件和线路非常密集，任何一个元件的损坏或异常都可能导致设备故障。因此，维修人员需要使用各种测量仪器对电路板上的电压、电流、电阻、电容等进行精确测量，以判断电路元件是否正常工作。这需要维修人员具备丰富的测量经验和技巧，能够根据测量结果准确判断故障原因，并采取相应的维修措施。

最后，替换元件技术也是维修人员必须掌握的重要技能之一。在电子设备中，元件种类繁多，任何一个元件的损坏都可能导致设备故障。因此，维修人员需要具备快速准确地找到故障元件并进行更换的能力。他们需要熟悉各种元件的外形和规格，了解其正常工作状态下的电压、电流等参数。在替换元件时，他们需要遵循正确的操作步骤和安全规范，确保不损坏其他元件或电路板。同时，他们还需要学会处理替换元件后可能出现的各种问题，如调整电路参数、测试设备功能等。

除了以上基本技能，电子电路维修人员还需要不断学习和更新知识。随着电子技术的不断发展和进步，新的元件和电路设计不断涌现，维修人员需要时刻关注行业动态和技术发展，通过参加培训、阅读专业文献等方式不断提高自己的知识和技能水平。

综上所述，电子电路维修人员需要具备熟练的实操技能和不断学习的意识。通过不断提高自己的基本技能和专业知识，他们将能够更好地应对各种电子设备维修任务，提高设备的可靠性和稳定性，为用户提供高效、专业的技术支持和服务。同时，这也将有助于维修人员在激烈的市场竞争中保持竞争优势，实现个人职业价值的提升。

（四）故障诊断能力

电子电路维修人员的核心能力——故障诊断能力，是他们专业技能的集中体现。这种能力并非一蹴而就，而是基于长期的实践经验、不断的学习与积累。当一块电路板送至维修人员手中时，他们需要通过一系列的步骤与手段，快速、准确地定位并判断出故障的原因和位置。

首先，维修人员会进行外观检查。他们用眼睛仔细观察电路板的每一个角落，寻找是否有明显的烧焦、断裂等现象。每一个细微的划痕、变色都可能是故障的线索。这种直观的检查虽然简单，但却非常有效，因为很多故障都会在电路板的外观上留下痕迹。

接下来，他们会使用各种测量仪器对电路板上的元件进行参数测量。这包括电压、电流、电阻、电容等。通过与正常值的比对，维修人员可以判断出某个元件是否正常工作。例如，如果某个电容器的电阻值突然变大或变小，就可能是该电容器出现了问题。

此外，功能测试也是故障诊断的重要环节。维修人员会通过输入特定的信号或激励，观察电路板的输出是否正常。如果输出与预期不符，就说明电路板上的某部分出现了故障。

在处理复杂故障时，维修人员的独立思考和问题解决能力显得尤为重要。有时，故障可能涉及多个元件或多个电路环节，这就需要维修人员具备对整体电路的深入理解，能够根据现象快速作出判断，并采取相应的措施。

同时，灵活运用所学知识进行推理和分析也是关键。面对复杂的电路故障，维修人员需要具备扎实的电子技术基础，能够运用所学的电子理论对现象进行深入分析，从而找到问题的根源。

此外，维修人员还需要不断学习和更新知识。电子技术日新月异，新的元件、新的电路设计不断涌现。为了能够跟上时代的步伐，维修人员需要时刻关注行业动态和技术发展，参加培训、阅读专业文献、参与技术交流等都是提升自己的有效途径。

综上所述，故障诊断能力是电子电路维修人员的核心能力，它要求维修人员具备丰富的实践经验、独立思考和解决问题的能力、灵活运用知识进行推理和分析的能力等多方面的素质。而要成为一名优秀的电子电路维修人员，不仅需要长期的学习和实践，更需要一种不断追求进步的精神。

（五）工具使用能力

电子电路维修人员的工作并不仅仅是凭借经验进行判断和处理，他们还需要熟练掌握各种维修工具和测量仪器的使用方法。这些工具和仪器是他们工作中不可或缺的得力助手，能够帮助他们快速定位故障，并采取相应的维修措施。

首先，万用表是电子电路维修人员最常用的工具之一。它能够测量电压、电流、电阻、电容等参数，为维修人员提供关键的电气参数信息。通过万用表的测量，维修人员可以迅速判断元件是否正常工作，从而确定是否存在故障。为了能够准确判断故障，维修人员需要熟练掌握万用表的使用方法，了解各种测量模式和注意事项。

示波器是另一项重要的测量仪器。与万用表不同，示波器主要用于观察信号的波形。通过示波器，维修人员可以观察到电路中的各种信号波形，从而判断电路是否正常工作。示波器的使用需要维修人员具备一定的信号分析能力，能够根据波形判断故障的原因。

频谱分析仪则是用于分析信号频率的仪器。在电子电路中，信号的频率是重要的参数。频谱分析仪可以帮助维修人员检测信号的频率、幅度等参数，从而判断电路是否存在频率相关的故障。

除了传统的测量仪器，随着技术的发展，一些新型的智能化维修工具和软件也逐渐应用于电子电路维修领域。这些新型工具集成了先进的传感器和算法，能够自动识别故障并进行修复。例如，智能诊断软件可以通过与电路板的通信，自动检测并定位故障点，为维修人员提供详细的维修指导。

为了能够充分利用这些新型工具和软件，维修人员需要不断学习新技术和新工具的使用方法。他们需要了解智能化工具的基本原理、操作步骤以及注意事项。同时，他们还需要关注行业动态和技术发展，及时了解新型工具和技术的最新进展。

此外，为了提高维修效率和质量，电子电路维修人员还需要不断学习和探索新的维修方法和技巧。他们可以通过参加专业培训、阅读技术文献、参与技术交流等方式，不断充实自己的知识和技能。同时，他们还需要保持对新技术和新知识的敏感性，积极适应和应对电子电路技术的不断发展和变化。

综上所述，电子电路维修人员需要熟练掌握各种维修工具和测量仪器的使用方法，并不断学习新技术和新工具的使用方法。只有这样，他们才能更好地应对各种复杂的电子电路故障，提高维修效率和质量。在不断学习和探索的过程中，电子电路维修人员才能不断提升自己的技能水平，为电子技术的发展做出更大的贡献。

（六）安全意识

电子电路维修人员除了技术上的要求，更需具备强烈的安全意识。在维修过程中，他们需要严格遵守安全操作规程，确保自身和周围人员的安全。电子电路维修涉及各种复杂的操作，如果不注意安全，很容易发生意外事故。

首先，焊接操作是电子电路维修中常见的步骤。然而，焊接过程中会产生高温，如果操作不当，可能会造成烫伤或火灾。因此，维修人员在进行焊接操作时，必须佩戴防护手套、焊接服等防护设备，确保自己的安全。同时，他们还需要定期检查焊接工具是否正常工作，避免因工具故障而引发意外事故。

其次，测试高电压或大电流也是电子电路维修中常见的操作。在进行这类操作时，维修人员需要佩戴绝缘手套、绝缘鞋等防护设备，确保自己不会触电。同时，他们还需要确保测试设备的接地良好，避免因设备漏电而引发意外事故。

此外，处理含有有害物质的电路板也是电子电路维修中需要注意的问题。含有有害物质的电路板可能会对人体造成危害，因此，维修人员需要采取相应的防护措施。例如，佩戴防尘口罩、防毒面具等防护设备，确保自己的健康安全。

除了以上提到的安全措施，电子电路维修人员还需要了解相关的安全法规和标准。这些法规和标准是保障维修人员安全的重要依据。因此，维修人员需要认真学习和掌握这些法规和标准，确保在合法合规的前提下进行维修工作。

此外，电子电路维修人员还需要注重工作环境的安全。例如，确保工作场所整洁、通风良好、照明充足等。良好的工作环境有助于减少意外事故的发生，提高维修工作的效率和质量。

综上所述，电子电路维修人员需要具备强烈的安全意识，在维修过程中严格遵守安全操作规程。除了焊接、测试等操作需要注意安全外，处理含有有害物质的电路板也是需要注意的问题。为了确保自身的安全和健康，维修人员需要采取相应的防护措施，并了解相关的安全法规和标准。同时，他们还需要注重工作环境的改善，确保工作场所的安全和舒适。在不断学习和探索的过程中，电子电路维修人员才能更好地应对各种复杂的电子电路故障，提高维修效率和质量。同时，他们也需要时刻关注安全问题，确保自己和他人的安全。只有这样，电子电路维修人员才能为电子技术的发展做出更大的贡献。

（七）学习能力

电子技术日新月异，不断推陈出新，使得电子设备更新换代的频率也在逐渐加快。对于电子电路维修人员来说，持续学习的能力变得尤为重要。随着新技术、新知识的涌现，维修人员需要不断地更新自己的知识库，掌握最新的维修技能和方法，以应对不断变化的维修需求。

首先，维修人员需要关注电子技术的最新动态。通过阅读专业书籍、参加技术研讨会、与同行交流等方式，了解最新的电子技术发展趋势和产品特点。这有助于他们更好地理解电子设备的原理和构造，为维修工作提供更有力的技术支持。

其次，维修人员需要不断学习和掌握新的维修技能。随着电子技术的进步，一些传统的维修方法可能已经过时或者不适用。因此，维修人员需要不断学习新的维修技能，例如使用先进的检测设备、掌握电路板焊接技术、了解新型电子元件的特点等。这些技能将有助于他们更快速、准确地诊断和修复电子设备故障。

此外，维修人员还需要关注行业标准和规范的变化。随着电子技术的不断发展，相关的标准和规范也在不断更新和完善。维修人员需要了解和遵守最新的标准和规范，确保自己的维修工作符合行业要求，提高维修工作的质量和安全性。

除了学习新技术、新知识和新技能，维修人员还需要注重实践经验的积累。只有在实践中不断尝试和应用，才能真正掌握和熟练运用所学的知识和技能。因此，维修人员需要积极参加实际维修工作，通过不断的实践来提高自己的维修水平。

综上所述，电子电路维修人员需要具备持续学习的能力，以适应电子技术的快速发展和电子设备的更新换代。他们需要关注行业动态和新技术的发展趋势，不断学习和掌握新的维修技能和方法，同时注重实践经验的积累。只有这样，才能不断提高自己的维修水平，为电子技术的发展做出更大的贡献。

二、实践经验与解决问题的能力

（一）实践经验的重要性

电子电路维修人员的实践经验对于提高其解决问题的能力具有不可替代的作用。经验不仅是维修人员的宝贵财富，更是他们不断进步、提升技能的关键因素。

在实践中，维修人员会遇到各种各样的电路故障，从常见的元件损坏、线路接触不良到复杂的电路板故障等。通过不断的实践，维修人员能够逐步掌握各种故障的特征和解决方法。他们会了解到不同类型故障所表现出的现象，学会根据这些现象快速准确地判断出故障的原因。随着经验的积累，他们能够形成一套适合自己的维修方法，更加高效地解决问题。

除了对故障的判断和解决，实践经验还能帮助维修人员更好地理解电子电路的工作原理。通过实际操作，他们能够更加深入地了解电路中各个元件的作用和工作机制，从而更好地理解整个电路的工作流程。这对于提高维修人员的理论水平和实践能力都具有很大的帮助。

此外，实践经验能让维修人员更加熟悉各种元件的性能和参数。了解元件的性能和参数是准确判断故障和选择合适维修方法的重要依据。通过长时间的实际操作，维修人员可以逐渐掌握各种元件的基本性能和参数，以及它们在不同条件下的表现。这样，在面对故障时，他们能够更加准确地判断出是哪个元件出了问题，并选择合适的元件进行替换或维修。

经验丰富的维修人员往往能够凭借直觉和经验快速定位到故障点，这得益于他们长期积累的实践经验。这种直觉并非凭空而来，而是在长期的实践和不断的学习中逐渐形成的。对于新手维修人员来说，通过不断地实践和经验的积累，也能够逐渐培养出这种敏锐的直觉和判断力。

综上所述，实践经验对于电子电路维修人员至关重要。通过不断的实践和经验的积累，维修人员可以不断提高自己的技能水平，更好地应对各种复杂的电路故障。对于新手维修人员来说，应该勇于实践，不怕失败，通过不断的尝试和学习，逐渐积累经验并提高自己的维修能力。而对于有经验的维修人员来说，应该珍惜自己的经验，不断总结和提炼，形成一套适合自己的高效维修方法。在电子技术飞速发展的今天，只有不断学习和实践，才能跟上时代的步伐，成为一名优秀的电子电路维修人员。

（二）实践经验对维修效率的影响

实践经验对于电子电路维修人员的价值，远超过单纯的技术积累。在实际工作中，每一种故障的表现、每一个细节的变化，都可能成为解决问题的关键线索。经验丰富的维修人员，能够迅速捕捉到这些细微之处，从而迅速定位到故障的原因和位置。

这种能力并非一蹴而就，而是经过长时间实践和经验积累的结果。每次维修，都是一次学习和提升的机会。通过反复实践，维修人员可以不断完善自己的故障诊断技巧，提高自己的工作效率。

有了丰富的实践经验，维修人员不仅可以在短时间内定位故障，还可以更加迅速地采取有效的维修措施。他们知道哪些元件更容易损坏，哪些元件的损坏会导致什么样的故障现象，从而能够更加有针对性地进行检查和替换。这样不仅可以减少不必要的检查时间，还可以提高维修的准确性和效率。

此外，实践经验还能够帮助维修人员更好地选择合适的工具和材料。不同的电路故障可能需要不同的工具和材料来进行维修。经验丰富的维修人员能够根据实际情况选择最合适的工具和材料，从而大大提高维修效率。他们了解各种工具的特点和使用方法，知道如何最大限度地发挥它们的作用。同时，他们也清楚各种材料的性能和适用范围，能够准确地选择出最适合的元件进行替换或维修。

在实践中，维修人员还可以不断优化自己的维修流程，进一步提高维修效率。通过不断地尝试和总结，他们可以发现更加高效的工作方法，减少不必要的步骤和环节。同时，他们也能够更好地协调与其他维修人员或团队成员的合作，确保整个维修过程更加顺畅、高效。

综上所述，实践经验对于电子电路维修人员来说是至关重要的。它不仅可以帮助维修人员更快地定位故障并采取有效的维修措施,还可以优化维修流程、提高工作效率。因此,电子电路维修人员应该重视实践经验的价值,勇于实践、不断总结,不断提升自己的技能水平和维修效率。只有这样,才能在日益激烈的市场竞争中立于不败之地。同时,对于企业而言,培养经验丰富的电子电路维修人员也是提高生产效率和降低维修成本的重要途径。通过提供更多的实践机会和培训资源,企业可以不断激发员工的创新和实践能力,从而在激烈的市场竞争中获得更大的竞争优势。

(三)实践经验对问题解决能力的提升

在电子电路维修领域,实践经验对于提升问题解决能力的重要性不言而喻。对于经验丰富的维修人员来说,他们所积累的实践经验已经成为他们快速、准确地解决故障的得力助手。

首先,实践经验能帮助维修人员更加准确地分析故障原因。每一次的维修经历,都是对故障原因的一次深入了解和剖析。随着经验的积累,维修人员对于各种故障现象的认知会越来越深入,能够逐渐掌握其内在规律。这样,在面对新的故障时,他们能够迅速地与之前的经验进行比对,从而更加准确地判断出故障的原因。

有了故障原因的判断,接下来就是采取针对性的维修措施。实践经验在这方面同样起着至关重要的作用。经验丰富的维修人员知道针对不同的故障应该采取何种方法,哪些方法有效,哪些方法可能无效。这样不仅可以避免走弯路,减少不必要的尝试,还能提高维修效率,尽快恢复设备的正常运行。

此外,实践经验还能增强维修人员的应变能力。在电子电路维修中,经常会遇到各种复杂或罕见的故障。这些故障可能涉及多个方面的知识,需要维修人员具备综合分析和处理问题的能力。而这种能力的形成,离不开实践经验的积累。只有在实际操作中不断应对各种复杂情况,才能逐渐培养出快速反应和解决问题的能力。

当遇到复杂或罕见的故障时,经验丰富的维修人员能够更加冷静地分析问题,不会因为问题的棘手而感到束手无策。他们能够迅速调动自己的知识储备和实践经验,从多个角度去思考问题,从而提出有效的解决方案。这种从容不迫的态度和高效的问题解决能力，正是来源于实践经验的积累。

同时，实践经验还能帮助维修人员在维修过程中不断优化和完善自己的技能。每一次的维修经历，都是一次技能提升的机会。通过不断地总结和反思，维修人员可以发现自己在实际操作中的不足之处，从而有针对性地进行改进。这样，在未来的维修工作中，他们能够更加熟练、更加高效地完成任务。

综上所述，实践经验对于提升电子电路维修人员的问题解决能力具有重要意义。它不仅能帮助维修人员更加准确地分析故障原因、采取针对性的维修措施，还能增强其应变能力、优化和完善技能。因此，电子电路维修人员应该珍惜每一次的维修机会，不断积累和实践经验，努力提升自己的问题解决能力。只有这样，才能在竞争激烈的电子维修领域中立于不败之地。

（四）如何积累实践经验

在电子电路维修领域，实践经验对于提升问题解决能力的重要性不言而喻。对于维修人员来说，只有不断积累实践经验，才能更好地应对各种复杂的故障问题。以下是一些建议，帮助电子电路维修人员提升自己的问题解决能力。

首先，要积极参与实际维修工作。实际维修是积累经验的最直接方式。维修人员应该尽可能多地参与实际维修工作，通过不断的实践积累经验。在实践中，要善于观察、思考和总结，不断提高自己的维修技能和问题解决能力。对于每一次的维修经历，都应该认真对待，深入分析故障原因，总结维修过程中的得失，以便在未来的工作中更加熟练和高效。

其次，要学习借鉴他人的经验。向经验丰富的同事或老师学习是快速提升自己解决问题能力的有效途径。通过听取他们分享的维修经验和技巧，可以从中汲取灵感和知识，从而更好地应对实际工作中遇到的问题。此外，参加行业交流会、研讨会等活动也是拓展人脉、学习他人经验的好机会。通过与同行交流，可以了解最新的技术动态和行业趋势，为自己的维修工作提供更多思路和方法。

第三，要不断学习和探索新技术。电子技术不断发展和更新，维修人员需要持续关注新技术、新方法的发展动态。通过学习新技术和探索新方法，可以不断提升自己的维修能力和技术水平。随着技术的进步，越来越多的新设备、新材料和新的故障现象不断涌现，只有不断学习和探索，才能跟上时代的步伐，更好地应对各种维修挑战。

第四，要建立维修记录和案例库。建议电子电路维修人员建立维修记录和案例库，将每次维修的过程、方法、结果以及故障现象、原因等信息详细记录下来。这样可以方便自己回顾和总结，加深对故障现象和维修方法的理解。同时，也可以逐渐形成自己的知识库和经验库，为以后的维修工作提供参考和借鉴。通过不断积累和更新维修记录和案例库，维修人员可以更加系统地整理自己的经验，为未来的工作提供更加全面和准确的参考。

第五，要培养观察力和分析能力。在实践经验积累的过程中，电子电路维修人员需要注重培养自己的观察力和分析能力。要学会从故障现象中捕捉线索，通过细致的观察和科学的分析，推断出可能的故障原因和解决方案。这样能够使自己在维修工作中更加高效、准确地解决问题。观察力和分析能力的提升需要长期的积累和实践。只有通过不断地思考和实践，才能逐渐培养出敏锐的观察力和准确的分析能力。

综上所述，电子电路维修人员要提升自己的问题解决能力，需要积极参与实际维修工作、学习借鉴他人的经验、不断学习和探索新技术、建立维修记录和案例库以及培养观察力和分析能力。通过这些努力和实践经验的积累，可以不断提升自己的技能和能力水平，更好地应对各种复杂的故障问题。

（五）如何运用实践经验提升问题解决能力

在电子电路维修领域，实践经验的重要性不言而喻。为了提升问题解决能力，维修人员需要不断地积累经验并从中吸取教训。每一次成功的维修案例都是宝贵的经验，而失败的案例则提供了宝贵的教训。维修人员应该深入分析这些案例，找出成功的原因和失败的教训，从而不断完善自己的维修方法和技巧。

在面对新的故障时，维修人员要善于运用已有的经验。通过类比、推理等方法，将过去解决类似问题的经验应用到新的情境中。同时，也要根据实际情况调整和改进已有的经验，以适应新的问题解决需求。这种灵活运用经验的能力是维修人员必备的素质，能够帮助他们快速准确地判断和解决问题。

实践经验不仅可以提升维修人员的技能水平，还能够增强他们的自信心。

通过不断积累成功案例的经验，维修人员可以提升自己对问题的判断力和解决能力。自信心的增强可以使他们在面对复杂或挑战性的故障时更加从容不迫地应对，提高问题解决的效率和质量。在解决故障的过程中，自信的维修人员往往能够更快地找到问题的根源，提出更有效的解决方案。

团队合作也是提升问题解决能力的重要途径。在团队中，每个成员都可以分享自己的经验和技巧，同时也学习和借鉴他人的成功经验。通过团队合作可以集思广益、互相支持，共同应对复杂的电子电路故障问题。团队成员之间的交流和协作可以激发更多的创新思维和方法，从而更好地解决各种问题。

第二节 职业道德与职业规范

一、职业道德的基本原则

（一）职业道德的重要性

职业道德是电子电路维修人员必须遵循的一套行为准则，它不仅关系到维修人员自身的信誉和职业发展，还直接影响客户对维修人员的信任度和满意度。良好的职业道德能够使维修人员在工作中表现出高度的责任心、诚信和敬业精神，为客户提供优质的服务，赢得客户的信任和口碑。同时，职业道德也是电子电路维修行业健康发展的重要保障，能够促进行业的规范化和专业化。

（二）基本原则

（1）诚信原则：诚信是电子电路维修人员职业道德的核心原则。维修人员应该以诚信为本，为客户提供真实、准确的信息和建议，不隐瞒故障或夸大其词。在维修过程中，应使用合格的材料和配件，不以次充好或虚报价格。同时，维修人员应按时履行承诺，不无故拖延或降低服务质量。通过诚信服务，赢得客户的信任和满意，树立良好的口碑和形象。

（2）客户至上原则：客户是电子电路维修人员的服务对象，客户的需求和满意度是维修人员最重要的关注点。维修人员应始终以客户为中心，积极主动地与客户沟通，了解客户的需求和期望。在维修过程中，应尊重客户的意见和要求，为客户提供专业、周到的服务。同时，应尽可能地满足客户的合理需求，提高客户的满意度。

（3）专业技术原则：电子电路维修人员作为技术工作者，必须具备扎实的专业知识和技能。维修人员应不断学习和掌握新技术、新方法，提高自己的维修水平和能力。在维修过程中，应遵循技术规范和操作流程，确保维修质量和安全。同时，应保持对新技术、新知识的敏感性，积极推动技术进步和创新。

（4）质量保障原则：质量是电子电路维修人员的生命线，维修人员必须高度重视维修质量。在维修过程中，应严格按照质量标准进行操作，确保维修后的电子设备能够正常、稳定地工作。同时，应建立质量保障体系，对维修过程进行监控和管理，及时发现并解决质量问题。此外，维修人员还应积极参与到质量改进工作中，不断提升维修质量和服务水平。

（5）环保意识原则：随着社会对环保问题的日益关注，电子电路维修人员也应具备环保意识。在维修过程中，应尽可能地减少对环境的污染和资源的浪费。例如，应合理分类和处理废弃物、减少能源消耗等。同时，应积极推广环保技术和产品，推动行业的可持续发展。

（6）合法合规原则：电子电路维修人员必须遵守法律法规和行业规定，做到合法合规经营。在维修过程中，应遵守知识产权保护的相关法律和规定，不侵犯任何知识产权。同时，应依法纳税，不进行任何违法违规的行为。在与客户合作时，应明确约定双方的权利和义务，保护双方的合法权益。此外，还应积极配合相关部门的监管和检查工作，促进行业的规范发展。

（7）职业操守原则：职业操守是电子电路维修人员职业道德的重要体现。维修人员应以高度的责任心和敬业精神对待工作，保持职业行为的规范性和道德性。在面对诱惑和利益时，应坚守职业道德底线，不做任何损害客户和行业利益的事情。同时，应积极维护行业的声誉和形象，为行业的健康发展贡献自己的力量。

（三）实践与提升

电子电路维修人员在实践中应不断反思和总结自己的职业道德表现，找出自己的不足之处并加以改进。同时，还应积极向他人学习，借鉴他人的经验和做法，不断提升自己的职业道德水平。此外，行业组织和培训机构也应加强对维修人员的职业道德教育和培训工作，提高他们的职业素养和服务水平，为行业的健康发展提供有力的人才保障。

二、职业规范与行为准则

（一）职业规范

（1）专业能力：电子电路维修人员应具备扎实的专业知识和技能，能够准确判断和解决各种电子设备故障。同时，应不断学习和掌握新技术、新方法，提高自己的维修水平和能力。

（2）职业资质：维修人员应具备相应的职业资质和证书，确保具备从事电子电路维修工作的合法资格。在工作中，应保证所持资质的真实有效性。

（3）保密义务：对于客户提供的机密信息或商业秘密，维修人员应严格保密，不得泄露或用于其他用途。在维修过程中，应保护客户的知识产权和商业利益。

（4）维修流程：维修人员应遵循标准的维修流程和操作规范，确保维修工作的安全和质量。在维修前，应与客户充分沟通，了解故障情况并做出合理的判断。在维修中，应使用合格的工具和配件，按照规定的工艺进行维修。在维修后，应进行质量检测和验收，确保设备恢复正常工作状态。

（5）保持场地整洁：维修人员应保持工作场地的整洁和安全，合理摆放工具和设备，确保工作区域的卫生和环境符合相关规定。

（6）遵守法律法规：维修人员应遵守国家法律法规和行业规定，不从事违法违规行为。同时，应了解和尊重客户的权益和要求。

（二）行为准则

（1）诚实守信：维修人员应以诚信为本，实事求是地为客户提供服务。在报价和维修过程中，应遵循公平、公正、合理的原则，不哄抬价格或虚假宣传。在遇到问题时，应及时与客户沟通，说明原因并积极寻求解决方案。

（2）热情周到：维修人员应以热情周到的态度对待客户，积极主动地为客户提供服务。在沟通时，应耐心倾听客户的需求和意见，用礼貌、专业的语言回复客户。在维修过程中,应关注客户的体验和感受,尽可能地减少对客户工作和生活的影响。

(3)尊重客户隐私:维修人员应尊重客户的隐私权,不得随意泄露客户的个人信息和机密信息。在与客户交流时,应注意保护客户的隐私,避免不必要的麻烦和纠纷。

(4)爱护设备和物品:维修人员应爱护客户的设备和物品,妥善保管并合理使用。在维修过程中,应小心谨慎地操作,避免造成不必要的损坏或损失。如有损坏或丢失情况发生,应及时告知客户并协商解决方案。

(5)遵守约定时间:维修人员应按时到达工作地点,并按照约定的时间完成维修工作。如因不可抗力原因需要延迟或取消服务,应及时通知客户并说明原因,取得客户的理解和支持。

(6)保持良好形象:维修人员应以良好的形象和精神状态出现在客户面前,展现出专业、可靠的形象。在工作过程中,应注意个人卫生和形象整洁。同时,应保持良好的仪态和礼貌用语,树立良好的职业形象。

(7)不断学习和进步:电子电路技术不断发展更新,维修人员应不断学习和掌握新技术、新方法,提高自己的维修水平和能力。同时,应积极寻求改进和创新的机会,推动维修行业的进步和发展。

(8)团结协作:维修人员在工作中应发扬团结协作的精神,互相支持、共同进步。在遇到困难时,应相互帮助、共同解决问题。同时,应积极参与到行业交流和合作中,促进整个行业的共同发展。

(9)承担责任:维修人员应以高度的责任心对待工作,对自己的行为负责并承担相应的责任。在工作中出现失误或问题时,应及时采取措施进行纠正和补救,并勇于承担责任。同时,应积极总结经验教训,避免类似问题的再次发生。

(10)持续改进:维修人员应不断反思和总结自己的工作表现,找出不足之处并加以改进。同时,应关注客户反馈和意见,积极改进服务质量和技术水平。通过持续改进和创新,提高自己的职业素养和服务水平。

第三节　职业生涯规划与发展

一、职业规划的重要性

（一）职业规划对个人发展的重要性

职业规划对于电子电路维修人员的个人发展具有显著的影响。首先，通过职业规划，维修人员可以明确自己的职业目标和定位，避免在工作中迷失方向。有了明确的职业目标，维修人员可以更有针对性地提升自己的技能和能力，为未来的职业发展打下坚实的基础。

其次，职业规划有助于提高电子电路维修人员的个人竞争力。在快速发展的科技领域，技术和知识的更新速度非常快。通过职业规划，维修人员可以持续学习和进修，掌握最新的技术和行业动态，从而在竞争中保持领先地位。

此外，职业规划还有助于增强维修人员的职业满足感。当维修人员看到自己的职业规划逐步实现，自身的技能和经验得到提升和认可，会感到更加有成就感，对工作的热情和投入也会随之增加。

（二）职业规划对行业发展和社会进步的影响

电子电路维修人员的职业规划不仅影响个人发展，也对整个行业和社会产生积极的影响。首先，明确的职业规划有助于维修行业建立和完善人才梯队。当更多的维修人员关注自己的职业发展，整个行业的人才储备将更加丰富，为行业的持续发展提供源源不断的人才支持。

其次，具备职业规划意识的维修人员更有可能推动技术创新。他们在工作中积极探索新的维修技术和方法，从而提高维修效率和质量，推动整个行业的科技创新进程。

此外，职业规划还有助于提升社会的电子设备维修服务水平。当电子电路维修人员具备更高的技能和服务意识，整个社会的电子设备维修需求将得到更好的满足，从而提高人们的生活质量。

通过职业规划，维修人员能够更好地预见行业发展趋势，提前做好准备，抓住发展机遇。这将有助于整个行业的发展更加健康和有序，同时也为社会的进步做出贡献。

（三）如何制定有效的职业规划

为了帮助电子电路维修人员制定有效的职业规划，需要采取以下几个步骤。

首先进行自我评估，了解自己的兴趣、优势和不足。通过自我评估，维修人员可以明确自己的职业倾向和发展潜力，从而制定更加符合自身特点的职业规划。

其次设定职业目标。根据个人情况和行业发展前景，设定短期、中期和长期职业目标。目标应具体、可衡量和具有挑战性。这样可以确保职业规划的可行性和实际效果。

然后制定实施计划。为实现设定的目标，制定详细的实施计划。这包括学习新技能、参加培训课程、寻求晋升机会等具体行动步骤。确保计划具有可操作性和可实施性，同时也考虑时间安排和资源投入。

此外调整与反馈也是重要的一环。定期检查职业规划的执行情况，根据个人发展和行业变化及时调整目标和计划。通过反馈和调整机制的建立，可以不断完善和优化职业规划，使其更加符合实际情况和发展需求。

二、职业发展路径与提升机会

（一）职业发展路径

电子电路维修人员的职业发展路径通常是从初级维修人员逐渐晋升至高级维修工程师或技术管理岗位。以下是具体的职业发展路径。

1.初级维修人员

初级维修人员是维修行业中的基础岗位，主要负责基本的电子设备维修工作。他们通常具备基本的电子技术知识和实践经验，能够处理常见的故障和问题。初级维修人员需要不断学习和积累经验，提升自己的技能水平。

2.中级维修工程师

中级维修工程师是具备一定专业知识和技能的电子电路维修人员。他们不仅能够处理各种复杂的故障，还具备一定的电路板维修和改造能力。中级维修工程师通常负责指导和培训初级维修人员，参与维修方案的制定和技术支持。

3.高级维修工程师

高级维修工程师是维修行业中的资深专家,具备深厚的电子技术功底和丰富的实践经验。他们能够解决复杂的电子设备故障,进行高端电路板维修和改造工作。高级维修工程师通常负责制定维修技术规范和标准,提供高级别的技术支持和咨询。

4.技术管理岗位

技术管理岗位是电子电路维修人员的晋升方向之一,他们通常具备丰富的技术和管理经验。技术管理岗位人员负责维修部门的技术战略规划、团队管理、资源调配以及与其他部门的协调工作。他们需要具备良好的领导力和组织协调能力,以推动团队的发展和提升整体维修服务水平。

(二)提升机会

电子电路维修人员可以通过多种途径提升自己的职业能力和发展空间,以下是一些主要的提升机会。

(1)持续学习新技术和知识:电子行业技术更新迅速,维修人员应保持学习的态度,不断跟进新技术、新知识的培训和学习,提升自己的技能和知识储备。参加专业课程、研讨会、技术论坛等活动,可以扩展视野,了解行业动态和技术趋势。

(2)获得专业认证:获取相关的专业认证可以证明个人的技能水平和专业能力。一些电子行业协会或机构提供的认证考试,如电子工程师认证、电路板维修认证等,能够提高个人的竞争力和市场价值。

(3)跨领域发展:除了在电子电路维修领域深耕,还可以考虑向相关领域扩展,如电子产品设计、生产制造、质量控制等。拥有多领域的知识和经验可以使个人在职业发展中更具竞争力。

(4)领导力和项目管理能力:除了专业技能外,培养领导力和项目管理能力也是提升职业发展的关键。学习如何管理团队、制定项目计划和协调资源,将有助于在技术管理岗位上更好地发挥自己的能力。

(5)自主创业:如果有一定的资源和市场洞察力,可以考虑自主创业,开展电子设备维修相关的业务。创业能够实现个人价值和创造社会价值,同时也能带来更多的挑战和机会。

(6) 参加行业竞赛和社区活动：参加电子行业的竞赛可以展示个人的技能和才华，同时也可以结识业界的同行和专业人士。参加社区活动，如技术沙龙、志愿者项目等，可以扩大人脉网络，了解更多行业动态和社会需求。

(7) 寻求内部晋升和横向转岗：在现有公司或组织中寻求内部晋升机会或横向转岗至其他相关职位也是一个不错的选择。这样可以积累更多的工作经验和管理经验，扩展职业发展的道路。

(8) 跨界整合能力：随着科技的发展和跨界融合的趋势，具备跨界整合能力的人才将更具竞争优势。了解不同领域的知识和技术，能够更好地应对多元化的市场需求和跨领域的合作机会。

(9) 关注行业趋势和技术发展：了解行业趋势和技术发展方向可以帮助个人把握职业发展的方向。通过关注行业报告、参加行业会议、了解新兴技术和市场动态等途径，可以更好地规划自己的职业发展路径。

(10) 自我营销与品牌建设：在当今竞争激烈的市场环境中，良好的自我营销和品牌建设对于个人职业发展至关重要。通过建立个人专业网站、参与社交媒体互动、分享专业知识和经验等方式，可以提升个人知名度，增加职业机会。

第十一章 故障诊断与维修案例分析

第一节 典型电子电路故障案例分析

一、电源电路故障案例

（一）概述

电源电路是电子设备中最为关键的部分之一，为整个设备提供稳定的电力供应。电源电路一旦出现故障，可能会导致设备无法正常启动、运行异常或完全失效。在维修工作中，电源电路故障案例是非常常见且具有代表性的。下文将通过具体案例分析，探讨电源电路故障的现象、原因及排查维修方法。

（二）案例描述

某公司的一台重要生产设备突然无法正常启动，检查发现电源指示灯不亮。经初步检查，确定为电源电路故障。设备生产厂家提供的维修人员被紧急召来进行故障排查和修复。

（三）故障分析

（1）电源指示灯不亮：首先观察到电源指示灯不亮，这通常意味着电源电路存在问题，无法正常为指示灯供电。

（2）设备无法启动：由于电源指示灯不亮，设备的启动电路无法得到供电，导致设备无法正常启动。

（3）故障原因分析：电源电路故障的原因可能有很多，如电源变压器损坏、整流器失效、滤波电容损坏或电路板上的元件故障等。为了确定具体原因，需要进行详细的检查和测试。

（四）排查过程

（1）检查电源变压器：首先检查电源变压器是否有异常声音或异味，测量其输入和输出电压是否正常。如果变压器损坏，需要更换。

（2）整流器检查：检查整流器是否有烧蚀或鼓包现象，如有异常则更换整流器。

（3）滤波电容检查：检查滤波电容是否有漏液、鼓包或爆裂现象，如有异常则更换滤波电容。

（4）电路板元件检查：使用万用表检查电路板上各元件的电阻值和电压降，判断是否有短路或开路现象，如有异常则进行更换。

（5）负载测试：在维修过程中，进行负载测试是非常重要的环节。通过在设备上加装适当负载，观察电源电路在有负载的情况下是否正常工作。如果存在异常，进一步排查和修复相关电路。

（五）维修与修复

根据排查结果，对损坏的元件进行更换，并对相关电路进行调整和修复。在本案例中，维修人员更换了损坏的电源变压器和滤波电容，修复了电路板上的开路和短路元件。在完成维修后，进行负载测试以确保电源电路恢复正常工作状态。

（六）案例总结与建议

本案例中，电源电路故障导致设备无法正常启动。通过仔细的故障分析和排查，维修人员成功地定位并修复了问题。对于此类故障，建议采取以下措施。

（1）定期检查和维护：定期对电源电路进行检查和维护，确保各元件工作正常，及时发现潜在问题并进行修复。

（2）备份关键元件：对于关键元件，如电源变压器和滤波电容等，建议备份备件以备不时之需。这样可以在元件损坏时迅速更换，缩短维修时间。

（3）培训维修人员：提高维修人员的技能水平，确保他们能够准确快速地诊断和修复电源电路故障。通过对维修人员进行定期培训和技术交流，提升整个团队的维修能力。

（4）记录维修历史：对于设备的维修历史进行详细记录，包括故障现象、排查过程、维修方法和更换元件等信息。这有助于后续维护时快速了解设备状况和历史问题，为快速定位和解决问题提供参考。

（5）预防性维护计划：制定预防性维护计划，定期对设备进行全面检查和维护。通过预防性维护，可以及时发现并解决潜在问题，降低设备故障率，延长设备使用寿命。

二、信号处理电路故障案例

（一）概述

信号处理电路是电子设备中非常重要的组成部分，负责处理和转换各种信号，确保设备的正常运行。信号处理电路一旦出现故障，可能会导致设备性能下降、信号失真或完全失效。下文将通过具体案例分析，探讨信号处理电路故障的现象、原因及排查维修方法。

（二）案例描述

某音频设备在播放过程中出现明显的信号失真，声音质量严重下降。用户反馈后，技术人员对设备进行了检查，初步判断为信号处理电路故障。为进一步确认故障原因，并进行修复，需要进行深入的故障排查。

（三）故障分析

（1）信号失真：音频信号在传输过程中发生畸变，导致声音质量严重下降。这通常是由于信号处理电路中的元件故障或电路设计问题引起的。

（2）故障原因分析：可能的原因包括放大器元件性能下降、滤波器元件损坏或参数调整不当、信号传输路径上的电阻或电容元件异常等。为了准确判断故障原因，需要进行详细的测试和排查。

（四）排查过程

（1）元件测试：使用专用仪器对信号处理电路中的关键元件进行测试，如放大器、滤波器、电阻和电容等。检测其性能参数是否正常，判断是否有损坏或性能下降的情况。

（2）信号测量：使用示波器等工具测量信号处理电路的输入和输出信号，观察信号是否正常，是否有明显的失真现象。同时，检查信号的幅度和频率响应是否符合要求。

（3）电路分析：对信号处理电路的工作原理进行深入分析，检查电路设计是否合理，元件参数是否匹配。结合测试结果和电路图，确定故障可能存在的位置。

(4) 替换法排查：对于怀疑有问题的元件，使用性能良好的同型号元件进行替换，观察设备是否恢复正常工作。通过逐一替换元件，可以缩小故障范围，最终确定故障元件。

(五) 维修与修复

根据排查结果，对损坏或性能下降的元件进行更换，并对相关电路进行调整和优化。在本案例中，技术人员更换了损坏的滤波器元件，调整了电路中的电阻和电容参数，以恢复信号处理的正常功能。在完成维修后，进行测试以确保音频设备恢复正常工作状态。

(六) 案例总结与建议

本案例中，音频设备的信号处理电路发生故障导致明显的信号失真。通过仔细的故障分析和排查，技术人员成功地定位并修复了问题。对于此类故障，建议采取以下措施。

(1) 定期维护和检查：定期对信号处理电路进行检查和维护，确保各元件工作正常。对于关键元件，建议定期更换或进行性能检测，以预防潜在的故障发生。

(2) 备份关键元件：对于关键元件，如放大器、滤波器等，建议备份备件以备不时之需。这样可以在元件损坏或性能下降时迅速更换，缩短维修时间，确保设备的正常运行。

(3) 培训维修人员：提高维修人员的技能水平，确保他们能够准确快速地诊断和修复信号处理电路故障。通过对维修人员进行定期培训和技术交流，提升整个团队的维修能力。

(4) 记录维修历史：对于设备的维修历史进行详细记录，包括故障现象、排查过程、维修方法和更换元件等信息。这有助于后续维护时快速了解设备状况和历史问题，为快速定位和解决问题提供参考。

(5) 预防性维护计划：制定预防性维护计划，定期对设备进行全面检查和维护。通过预防性维护，可以及时发现并解决潜在问题，降低设备故障率，延长设备使用寿命。

三、驱动电路故障案例

（一）故障现象

在一家生产自动化设备的工厂里，一台精密机械的控制电路出现故障，导致设备无法正常运行。具体表现为在开机后，电机无法启动，同时控制面板上显示"驱动电路故障"。

（二）电路简述

驱动电路是控制电机运行的核心部分，其主要功能是将控制信号放大，以驱动电机转动。该电路通常包括输入信号处理、功率放大和保护电路等部分。

（三）故障分析

根据故障现象，初步判断为驱动电路的输入或输出部分出现故障，可能是由于元器件损坏、电路板焊接不良或电源问题等原因造成。

（1）元器件损坏：驱动电路中的元器件，如晶体管、电阻、电容等出现损坏，可能导致整个电路功能失效。

（2）电路板焊接不良：电路板上的元器件焊接不良，可能导致信号传输中断或电源供应问题，进而影响驱动电路的正常工作。

（3）电源问题：驱动电路的电源部分出现故障，如电源电压过低或过高，可能损坏电路中的元器件，导致驱动电路无法正常工作。

（四）故障排除

（1）元器件检查：首先对驱动电路中的关键元器件进行检查，如晶体管、电阻、电容等，检查其是否正常工作，有无明显损坏迹象。

（2）电路板焊接检查：对电路板上的焊接点进行检查，确保无虚焊、脱焊等现象，同时检查元器件的安装是否牢固。

（3）电源检查：测量驱动电路的电源电压，确保其处于正常范围内。同时检查电源线是否接触良好，无松动现象。

（4）信号传输检查：对驱动电路的输入信号进行测量，确保其正常传输至输出端。同时检查输出信号是否正常，电机是否能够响应控制信号。

（五）故障总结

经过上述步骤的排查，发现故障原因为驱动电路中一个晶体管的焊接不良。

重新焊接该晶体管后,驱动电路恢复正常工作,设备运行恢复正常。

(六)预防措施

为了预防类似故障再次发生,工厂应采取以下措施。

(1)加强设备日常维护保养:定期对设备进行维护保养,检查电路板焊接是否良好,元器件有无明显损坏迹象。

(2)完善设备维修记录:建立详细的设备维修记录,对每次维修的内容、发现的问题及处理方法进行记录,以便于日后查询和预防类似故障。

(3)提高员工技能水平:加强员工技能培训,提高其对设备故障的判断和排除能力。

(4)引入先进的检测设备:引入先进的检测设备,如示波器、万用表等,以便更好地检测和诊断设备故障。

(5)建立应急预案:针对不同类型的设备故障,制定相应的应急预案,以便在故障发生时能够迅速采取有效措施进行处理,降低设备停机时间。

(6)定期与供应商沟通:与设备供应商保持良好沟通,及时反馈设备使用情况及遇到的问题,以便得到供应商的专业指导和支持。通过以上措施的实施,可以有效降低电子设备故障的发生率,提高设备的稳定性和可靠性。

第二节 故障诊断与维修过程中的注意事项

一、安全注意事项

(一)操作前的准备事项

在进行电子电路故障诊断与维修之前,确保已了解以下事项,以确保操作过程的安全性。

(1)知识储备:具备基本的电子电路知识,了解常见电子元件的特性、功能及其在电路中的作用。

(2)工具准备:准备适当的测试工具,如万用表、示波器等,并确保其处于良好工作状态。

(3) 安全防护：穿戴适当的防护装备，如防静电手环、防静电工作服等，以防止意外电击或静电损坏电子元件。

(4) 环境检查：确保工作区域干净整洁，无杂物，并保持适当的湿度和温度，避免因环境问题引发电路故障或损坏元件。

(5) 断电操作：在进行故障诊断与维修之前，确保设备已完全断电，并使用验电笔进行验电，确保电源端无残留电压。

(6) 备份数据：如果可能，在进行维修前，备份重要的电子电路板或相关数据，以防数据丢失。

(二) 诊断过程中的注意事项

在电子电路故障诊断过程中，需特别注意以下几点。

(1) 遵循诊断流程：遵循先观察、再测试、后分析的流程，逐步缩小故障范围，避免盲目操作。

(2) 测量电压和电流：在诊断过程中，使用万用表测量关键点的电压和电流，以判断电路是否正常工作。

(3) 识别异常现象：注意观察电子元件是否有变色、烧蚀、开路或短路等现象，这些可能是故障的迹象。

(4) 避免使用蛮力：在拆装电子元件时，使用适当的工具，避免使用蛮力导致元件或电路板损坏。

(5) 静电防护：在操作过程中，保持防静电意识，避免因静电导致电子元件损坏。

(6) 逐步替换元件：当怀疑某个元件有问题时，不要一次性替换整个电路板，而应先替换可能存在问题的元件。

(7) 记录故障现象：详细记录故障现象和诊断过程，以便于后续分析或求助他人时提供足够的信息。

(三) 维修操作中的安全要点

在进行电子电路维修时，务必注意以下安全要点。

(1) 遵循维修流程：按照先易后难的顺序进行维修操作，避免因复杂问题导致安全事故。

（2）使用合适的焊接工具：选择合适的焊接工具，并确保焊接温度适当，避免因过热导致电子元件或电路板损坏。

（3）避免短路：在维修过程中，避免将正负极短接或使电路出现短路现象，以免造成设备损坏或火灾。

（4）遵循焊接规范：焊接电子元件时，确保焊接点干净、焊锡适量、焊点平滑，避免出现虚焊、脱焊等现象。

（5）注意电源开关状态：在维修过程中，确保设备电源开关处于关闭状态，避免误操作导致设备启动或损坏。

（6）避免带电操作：尽量在断电状态下进行维修操作，如需带电操作，务必采取适当的防护措施。

（7）注意保护元件：在维修过程中，避免用力拉扯线路或元件引脚，以免造成元件损坏或电路板断裂。

（8）定期检查维修工具：定期检查维修工具的工作状态，如万用表、示波器等是否正常工作，以确保维修工作的安全性和准确性。

（9）遵循安全规范：在进行维修操作时，遵守相关安全规范和操作规程，确保自身和他人的安全。

（10）学习正确的维修方法：不断学习和掌握正确的电子电路维修方法和技术，提高自己的维修技能和经验水平。通过遵循以上安全注意事项和操作要点，可以有效地保障电子电路故障诊断与维修工作的安全顺利进行。在实际工作中，还需根据具体情况灵活应对处理各种问题确保设备和人员的安全。

二、工具与设备的使用

（一）万用表

万用表是电子电路维修中的必备工具，它能够测量多种参数，如电压、电流和电阻等，为维修人员提供关键的诊断信息。为了确保测量结果的准确性和安全性，以下是使用万用表的一些要点和注意事项。

首先，选择合适的量程至关重要。在测量之前，要了解被测参数的大致范围，然后选择合适的量程。如果被测电压或电流较大，应选择较大的量程以避免损坏万用表；反之，如果被测参数较小，选择较小的量程可以提高测量的精度。

其次，正确连接测试线是获取准确测量的基础。通常，红色的测试线应连接至万用表的 VΩ 孔，而黑色的测试线应连接至 COM 孔。根据测量的参数类型，将相应的测试线接入对应的插孔。例如，如果要测量电压，将红色测试线接 VΩ 孔，黑色测试线接地线；如果要测量电阻，将红色测试线接 VΩ 孔，黑色测试线接 COM 孔。

在使用万用表之前，进行校准可以提高测量结果的准确性。将万用表归零后，再接入测试线进行测量。校准可以通过将红黑表笔短接的方式完成，此时读数应为零或接近零。如果读数偏差较大，需要调整万用表的校准螺丝，以确保准确测量。

读取测量值时，保持视线与表盘垂直有助于准确读取数值。同时，要关注单位和符号的识别，确保理解测量结果的真正含义。例如，如果测量的电压值为 12.3V，那么要明确这是直流电压还是交流电压。

此外，使用万用表时要注意一些注意事项。首先，避免在有电的情况下测量电阻，因为这可能导致万用表内部的电子元件受损或引发安全事故。其次，确保测试线的绝缘层完好无损，以避免触电危险。同时，在测量高电压或大电流时，应特别小心并采取适当的防护措施。

在团队合作中，与其他电子电路维修人员交流和分享使用万用表的经验是提高问题解决能力的有效途径。通过互相学习、借鉴他人的成功经验和方法，可以更好地应对各种复杂的电子电路故障问题。

（二）示波器

示波器是一种广泛应用于电子电路领域的测量工具，它能够实时显示信号的波形，为维修人员提供有关电路运行状态的重要信息。为了确保测量结果的准确性和安全性，以下是使用示波器的一些要点和注意事项。

首先，选择合适的探头是获取准确测量的基础。根据被测信号的性质，如电压、电流等，选择适合的探头类型。同时，要注意探头的阻抗匹配，以确保测量结果的准确性。不同类型的探头具有不同的阻抗特性，因此要根据被测信号的阻抗来选择合适的探头。

其次，调整示波器的参数是获取准确信号波形的关键。在使用示波器之前，要根据被测信号的频率和幅值调整示波器的参数。例如，扫描速率的设置会影响信号波形的显示速度，垂直灵敏度的设置会影响信号幅值的测量精度。因此，要根据实际情况进行调整，以确保测量结果的准确性。

在观测信号波形时，将示波器的探头连接到被测信号源上，启动示波器并观察信号波形。通过调整示波器的参数，如时基、电压档等，可以获取准确的信号波形。同时，要注意观察信号的周期、幅度、相位等特征，以便对信号进行准确的分析和判断。

此外，分析信号特征是判断电子电路是否存在故障的关键步骤。通过比较正常波形和异常波形，可以判断出电路中的问题所在。例如，如果测得的信号波形与正常波形有偏差，可能意味着电路中存在故障或元件损坏。此时，需要进一步检查和维修。

在使用示波器时，要注意安全事项。避免在有电的情况下测量信号波形，以免造成触电事故。同时，还要注意示波器的保养和维护。在使用过程中，要保持探头和电缆线的清洁和完好，避免损坏或接触不良。此外，定期对示波器进行校准和维护可以确保其测量结果的准确性和可靠性。

除了以上提到的要点和注意事项，还有一些额外的技巧可以帮助提高使用示波器的效率。例如，熟悉示波器的各种功能和操作方法可以更快地设置参数和获取准确的测量结果。此外，了解被测电路的工作原理和信号特征可以帮助更好地分析波形并找出问题所在。

（三）频谱分析仪

频谱分析仪是一种重要的电子测量仪器，广泛应用于信号处理、通信、雷达、电子对抗、测量等领域。通过频谱分析仪，用户可以获取信号的频率成分，进而对信号进行定性定量分析。下面，我们将探讨使用频谱分析仪的一些要点。

首先，选择合适的接收模式是获取准确测量结果的关键。频谱分析仪有多种接收模式，如窄带接收模式和宽带接收模式。在窄带接收模式下，分析仪具有较高的频率分辨率，适用于分析信号的细节和特定频段的成分；而在宽带接收模式下，分析仪具有较宽的频率覆盖范围和较高的测量速度，适用于分析信号的整体特性和快速变化的频率成分。因此，根据被测信号的性质和测量需求选择合适的接收模式至关重要。

其次，调整分析仪参数也是获取准确测量结果的重要步骤。在使用频谱分析仪之前，需要根据被测信号的频率和幅值调整分析仪的参数，如中心频率、扫宽等。中心频率决定了分析仪的主要测量范围，而扫宽则决定了分析仪的频率分辨率。这些参数的设置将直接影响测量结果的准确性。因此，在测量过程中，需要根据实际情况进行调整，以确保获取准确的信号频率成分。

第三，分析信号频率成分是频谱分析仪的主要应用之一。通过将频谱分析仪连接到被测信号源上，可以实时观察信号的频率成分。通过对信号的频率成分进行分析，可以判断信号的性质、来源以及可能存在的干扰或故障。例如，在电子电路故障诊断中，如果某个电路元件出现故障，可能会导致信号频率成分发生变化。通过频谱分析仪的测量和分析，可以快速定位故障元件并进行维修。

除了以上提到的要点，还有一些额外的技巧可以帮助提高使用频谱分析仪的效率。例如，熟悉频谱分析仪的各种功能和操作方法可以更快地设置参数和获取准确的测量结果。此外，了解被测信号的性质和来源可以帮助更好地理解测量结果，从而更加准确地分析信号的频率成分。

除了基本操作要点，还需要注意以下安全问题：首先，应始终确保被测电路在断电状态下进行频谱分析，以免发生触电危险；其次，在测试高频信号时，应保持测试电缆尽量短且直接连接测试点，以减少电磁干扰和信号衰减；此外，对于大功率和高电压信号源的测试，应有专业人员在现场进行指导和安全监督；最后，定期对频谱分析仪进行校准和维护可以确保其测量结果的准确性和可靠性。

（四）逻辑分析仪

逻辑分析仪是一种用于分析数字信号的工具，广泛应用于数字电子电路的故障诊断和维修。通过逻辑分析仪，维修人员可以观察数字信号的逻辑值和时序关系，从而快速定位和解决故障。以下是一些使用逻辑分析仪的要点：

首先，连接被测信号是使用逻辑分析仪的第一步。确保将逻辑分析仪的探头可靠地连接到被测数字信号源上。根据被测信号的电平类型（如 TTL、CMOS

等），选择合适的探头和测量模式。如果连接不正确或不牢靠，可能会导致信号失真或测量误差，从而影响测量结果的准确性。

其次，设置触发条件是逻辑分析仪使用中的重要环节。触发条件决定了何时捕获和分析信号。常见的触发条件包括边沿触发和脉冲触发等。边沿触发是指在信号状态发生变化时触发测量，适用于捕捉信号的起始和结束时刻。脉冲触发则适用于捕获特定模式的脉冲序列。触发条件的设置应该根据被测信号的特点和维修需求进行合理配置，以确保能够捕获到关键的信号状态。

第三，分析信号逻辑值是逻辑分析仪的主要应用之一。通过启动逻辑分析仪并观察被测数字信号的逻辑值，可以判断数字电子电路的工作状态。正常逻辑值与异常逻辑值之间的差异可能指示故障的存在。例如，如果某个关键信号的逻辑值始终为0或始终为1，可能与预期不符，可能表明某个电路元件存在故障或连接问题。通过对比正常逻辑值和异常逻辑值，维修人员可以快速定位故障位置并进行修复。

此外，如果被测数字系统中包含地址和数据总线，逻辑分析仪的使用将更加复杂。地址和数据总线是用于传输地址信息和数据的多路复用总线。为了正确解码和分析这些总线上的信号，需要了解总线的协议和工作方式。逻辑分析仪可以帮助维修人员捕获地址和数据总线的通信过程，从而更准确地判断故障位置和原因。例如，如果地址或数据总线上的信号出现异常，可能是由于存储器、处理器或接口芯片等部件的问题。通过解码和分析这些总线信号，维修人员可以缩小故障范围并快速找到问题所在。

除了上述要点，还有一些额外的技巧可以帮助提高使用逻辑分析仪的效率。例如，熟悉逻辑分析仪的各种功能和操作方法可以更快地设置参数和获取准确的测量结果。此外，了解被测数字系统的架构、协议和时序关系可以帮助更好地理解测量结果，从而更加准确地定位和修复故障。

安全问题在使用逻辑分析仪时同样重要。首先，应始终确保被测电路在断电状态下进行测试，以免发生触电危险。其次，根据被测信号的电平和功耗选择合适的探头和测量模式，以避免损坏探头或电路元件。此外，对于高电压或大电流的信号源，应采取适当的防护措施以确保安全。

三、维修记录与复查

在电子电路故障诊断与维修过程中,维修记录和复查是至关重要的环节。它们不仅有助于保证维修工作的完整性和准确性,还有助于提高维修效率,降低同一故障的重复出现率。

（一）维修记录

维修记录是指在电子电路故障诊断与维修过程中,对故障现象、诊断过程、维修步骤和最终结果进行的详细记录。这些记录通常以文字、图表等形式进行整理和保存。

1.记录内容

故障现象描述：对故障现象进行详细描述,包括异常表现、出现时机和环境等。

诊断过程：记录故障诊断的方法、步骤和结果,如使用哪些工具、测试了哪些参数等。

维修步骤：详细记录维修过程,包括更换的元件、调整的参数等。

最终结果：记录维修后的测试结果,以及是否解决了故障、有无其他新问题等。

2.记录方式

纸质记录：可以简单快速地记录信息,但不易于保存和查找。

电子文档：易于保存、查找和编辑,但需注意数据安全。

数据库系统：适用于大型维修记录管理,能够实现快速检索和数据分析。

3.记录的重要性

有助于跟踪问题：通过查看历史记录,可以快速了解同一故障是否发生过,以及之前的处理方法。

提高维修效率：对于经常出现的故障,可以通过查阅历史记录快速找到解决方案。

提升客户满意度：完整、准确的维修记录有助于为客户提供更好的售后服务。

（二）维修复查

维修复查是指在完成电子电路的故障诊断与维修后,对整个过程进行回顾和检查，以确保维修工作的完整性和准确性。这一步骤在很多维修实践中经常被忽视，但它对于提高维修质量和客户满意度具有重要意义。

1.复查内容

故障是否已完全排除：复查故障现象是否已消失，设备功能是否恢复正常。

诊断与维修步骤是否正确：检查诊断过程中使用的工具和方法是否恰当，维修步骤是否符合技术要求。

是否有遗漏或新问题：确认没有遗漏任何可能的故障点，同时也要注意是否引入了新的问题。

2.复查方式

人工复查：通过技术人员对维修过程进行回顾和检查。

自动化工具：使用软件或硬件工具进行自动化的复查，例如使用测试软件进行功能测试。

3.复查的重要性

提高准确性：通过复查可以纠正可能的误操作或遗漏，从而提高维修的准确性。

减少返修率：通过确保维修工作的完整性和准确性，可以降低设备的返修率，提高客户满意度。

持续改进：通过复查发现问题并进行改进，可以提高维修团队的技能水平和整体效率。

4.复查与培训

对于新入职的维修技术人员，复查还可以作为培训的一种形式。通过让经验丰富的技术人员引导他们进行复查，可以帮助新手更快地掌握维修技能和积累经验。同时，这也有助于提高团队的协作精神和整体技术水平。

5.持续改进与标准化

通过对大量维修记录的复查，可以发现一些常见的错误或问题，从而针对性地制定预防措施或改进方案。例如，如果发现某型号设备的故障率较高，可以进行深入分析并采取措施来减少该型号设备的故障率。此外，复查也有助于制定更加标准化的维修流程和操作规范，从而提高整个团队的维修质量和效率。

6.法规合规与责任追溯

在某些行业中,如医疗设备维修、航空电子设备维护等,法规可能要求对维修过程进行详细记录和复查。这不仅是为了确保设备的正常运行和安全性,还是为了在发生问题时能够进行责任追溯和事故分析。因此,遵守相关法规并确保维修记录的完整性和准确性是至关重要的。

7.客户反馈与关系维护

通过向客户提供详细的维修记录和定期复查服务,可以增加客户对维修服务的信任度和满意度。这有助于建立长期稳定的客户关系,并促进口碑传播,从而吸引更多的客户选择该维修服务提供商。

8.数据驱动决策与持续改进

通过定期对维修记录和复查结果进行分析和总结,可以提取出有价值的信息和数据。这些数据可以用来评估团队的绩效、识别常见的故障模式、预测设备寿命等。基于这些数据驱动的决策,可以进一步优化维修流程、提高效率并降低成本。

第三节 故障诊断与维修技术的实践应用

一、实际应用中的故障诊断流程

在电子电路的故障诊断与维修中,一个标准的故障诊断流程是确保快速、准确地定位和修复问题的关键。下文将详细介绍这一流程的各个环节,以及它们在实际应用中的重要性。

(一)初步检查

对电子电路进行初步检查是维修过程中不可或缺的一步。这一步骤的重要性不容忽视,因为它能够帮助维修人员快速识别和排除一些常见问题,节省后续诊断的时间和精力。

在进行初步检查时,首先要注意观察设备的外观。检查电路板是否有明显的物理损坏,例如开路、短路或烧毁的元件。这些明显的损坏往往会导致设备无法正常工作。一旦发现这些问题，就可以有针对性地进行维修或更换损坏的元件，使设备恢复正常运行。

此外，还需要检查设备的电源和接地情况。确保电源插头插入良好，没有松动或脱落的情况。同时，要检查接地线是否牢固连接，以防止由于接地不良引起的安全问题。如果发现电源或接地问题，应及时修复，以免对设备和人员造成危害。

通过初步检查，可以快速排除一些常见问题，并为后续的深入诊断提供方向。如果初步检查没有发现明显的问题，那么可以进一步进行更详细的测试和诊断，以确定设备故障的具体原因。

（二）电源和接地检查

电源和接地对于电子设备的正常运行具有至关重要的作用。它们为设备提供稳定的电力供应，并确保设备在运行过程中不会受到电击等安全威胁。因此，对电源和接地进行详细检查是故障诊断过程中的重要环节。

首先，使用万用表对电源电压进行测量是必要的步骤。万用表是一种多功能的测量仪表，能够测量电压、电流和电阻等参数。在测量电源电压时，将万用表的电压挡位设置在适当的量程上，然后将探针连接到电源的正负极上。读取万用表显示的电压值，并与设备规定的电压范围进行比较。如果测得的电压值在规定范围内，则说明电源正常；如果电压过高或过低，则可能存在电源故障或电源供应问题。

除了电源电压的测量，还需要检查接地是否良好。接地是将设备的外壳或电路的某一点与大地连接，以提供一个安全的参考电位。通过使用万用表的电阻挡位，可以检查接地线的连接是否牢固，以及接地电阻是否在正常范围内。如果接地不良或接地电阻过大，可能会导致设备运行不稳定或产生安全隐患。

此外，还需要检查电源纹波是否过大。纹波是由于电源中的交流成分引起的电压波动，可能会导致设备运行不稳定或产生噪声。使用示波器等测试仪器可以观察电源纹波的波形和幅度。如果纹波过大，可能会导致设备出现故障或性能下降。此时，可以考虑采取相应的滤波措施来降低纹波的影响。

在进行电源和接地检查时，还需要注意安全问题。确保设备处于断电状态，避免直接接触电源或使用带电工具进行操作。同时，要遵循安全操作规程，避免造成人员伤亡或设备损坏。

（三）功能测试与信号追踪

在确保电源正常之后，对电子设备进行功能测试和信号追踪是诊断问题的关键步骤。这一过程需要借助专门的测试仪器，如示波器、频谱分析仪等，来深入检查电路的工作状态。

示波器是一种常用的测试仪器，能够实时显示信号的波形。通过连接示波器到电路的关键节点，维修人员可以观察信号的幅度、频率和时序是否正常。如果信号波形出现异常，如幅度减小、频率偏离或时序混乱，则表明相应的电路部分可能存在问题。此外，示波器还可以用来捕捉偶发性的异常信号，这些信号在常规测试中可能难以被发现。

频谱分析仪主要用于分析信号的频域特性。在无线通信和射频电路中，信号的频率成分是至关重要的。通过使用频谱分析仪，维修人员可以检测信号的频率、功率和调制质量是否符合要求。如果频谱分析仪显示频率偏移、寄生信号或噪声水平过高，则表明电路中的射频部分可能存在故障。

除了示波器和频谱分析仪，维修人员可能还需要使用其他类型的测试仪器，具体取决于电子设备的类型和复杂度。例如，逻辑分析仪可用于数字电路的时序分析和故障诊断；功率分析仪可用于测量电源的效率和性能。

在进行功能测试和信号追踪时，维修人员需要具备扎实的电子技术知识和实践经验。他们需要理解电路的工作原理，并根据测试结果迅速判断出问题的可能位置。这需要对电路的各个部分都有深入的了解，以便能够准确地识别出异常信号或性能问题。

此外，为了提高诊断的准确性和效率，维修人员还需要不断学习和更新自己的测试技术。随着新技术的不断涌现，新的测试仪器和工具也不断出现。通过参加专业培训和学习交流活动，维修人员可以掌握最新的测试技术，并将其应用到实际工作中。

综上所述，功能测试和信号追踪是电子设备维修中的重要环节。通过使用专门的测试仪器，如示波器、频谱分析仪等，并结合电子技术的知识和实践经验，维修人员能够迅速定位和解决电路中的问题，确保电子设备的正常运行。

（四）元件检测与替换

在确定了可能出现问题的区域后，下一步是对相关元件进行详细的检测。这一步是至关重要的，因为它可以帮助我们精确地定位问题并采取适当的修复措施。

首先，维修人员会使用万用表来测量元件的各种参数，如电阻、电容、电感等。这些参数是评估元件性能的重要标准。通过与标准值进行比较，维修人员可以判断元件是否正常工作。如果某个元件的参数异常，可能是由于老化、损坏或其他原因引起的性能下降。

除了测量参数，使用示波器观察元件的信号波形也是非常重要的。通过连接示波器到元件的输入和输出端，维修人员可以观察信号的形状、幅度和时序。这些信息可以帮助判断元件是否在工作状态下正常工作。如果信号波形出现异常，如波形失真或信号丢失，这可能是由于元件内部的故障或连接问题导致的。

在检测过程中，如果发现元件损坏，如开路、短路或性能下降，维修人员需要及时进行替换。选择合适的元件对于维修工作的成功至关重要。在替换元件时，应确保选择与原电路相同的参数和规格，以保持电路的性能和稳定性。使用不合适的元件可能会导致新的问题，甚至可能损坏其他部分。

此外，在替换元件时，还需要注意焊接质量。焊接不良可能会导致连接不良或接触不良，从而影响电路的性能。因此，维修人员需要具备熟练的焊接技术，以确保元件与电路板之间的可靠连接。

（五）软件诊断与固件更新

对于那些集成了微控制器或处理器的电子电路，单纯的硬件检测可能无法完全解决问题。这是因为，在这些复杂的系统中，软件和固件层面的问题也可能是故障的根源。有时候，一个看似硬件故障的问题，其实是由错误的软件指令或过时的固件引起的。

因此，在故障诊断的过程中，进行软件诊断和固件更新是至关重要的。这可能涉及将设备连接到计算机，然后运行特定的诊断软件或固件更新程序。通过这些软件工具，维修人员可以检查软件的运行状态、查找潜在的错误代码，甚至可以更新设备的固件以修复已知的问题。

软件层面的修复有时可以解决硬件故障难以排查的问题。这是因为软件故障可能会影响硬件的正常运行，导致一系列的故障现象。例如，一个错误的程序指令可能会使微控制器工作异常，导致设备无法正常工作。通过修复或更新软件，可以消除这种错误指令，从而使设备恢复正常工作。

此外，固件更新也经常用于解决一些硬件相关的问题。制造商可能会发布新的固件版本，以修复已知的错误、提高设备的性能或增加新的功能。通过更新设备的固件，可以确保其运行最新的软件代码，从而减少与软件相关的问题。

综上所述，对于那些集成了微控制器或处理器的电子电路，软件和固件层面的故障也是不容忽视的。通过进行软件诊断和固件更新，维修人员可以更全面地解决故障问题，确保设备的正常运行。对于电子设备用户来说，了解如何进行软件诊断和固件更新也是非常有用的。通过定期检查和更新设备的软件和固件，可以预防潜在问题的发生，并确保设备的稳定性和可靠性。

（六）系统级测试与集成

在电子电路的维修中，更换元件和软件更新只是其中的一部分。为了确保所有的更改都正确无误，并且设备能够正常工作，系统级的测试和集成是不可或缺的环节。

系统级测试是对整个电路系统的全面检测，旨在验证各个部分是否能够协同工作，并且满足设计要求。在更换元件或更新软件后，必须确保这些更改不会对其他部分产生不良影响，并且整个系统能够正常地运行。

首先，维修人员需要将电路的不同部分重新组装在一起。这个过程需要非常小心，因为任何小的疏忽都可能导致整个系统失效。在重新组装时，需要仔细检查每个连接点，确保它们都牢固且接触良好。

接下来是全面的功能测试。这包括测试电路的各种功能，以确保它们都能正常工作。测试的范围可能包括电源、输入输出、数据处理等各个方面。对于一些复杂的系统，可能需要使用专业的测试设备来进行精确的测量和验证。

此外，系统级测试还需要验证故障是否完全排除。如果之前的问题是由于元件故障或软件错误引起的，那么在更换元件或更新软件后，这些故障现象应该完全消失。如果问题仍然存在，那么可能需要进一步检查和调试，以找出问题的根源。

系统级测试也是评估维修效果的重要环节。通过测试，可以确定维修是否成功，以及设备是否能够达到预期的性能标准。如果测试结果不理想，可能需要重新进行维修或调整。

综上所述，系统级测试和集成是电子电路维修中不可或缺的一环。它不仅有助于确保所有更改都正确无误，而且能够验证故障是否完全排除。通过系统级测试，可以确保设备的稳定性和可靠性，从而为用户提供更好的使用体验。对于维修人员来说，进行系统级测试也是他们职责的一部分，以确保他们的工作质量和设备的性能。

（七）复查与记录

在电子设备维修的环节中，复查是一个至关重要的步骤。当完成故障修复后，为了确保问题确实得到解决并且没有其他潜在的问题产生，必须进行仔细的复查。这不仅是对维修质量的保证，也是对设备使用者权益的保障。

复查的第一步是重新检查设备的所有功能。每一个部分、每一个细节都应该被仔细核查。这包括电源、显示、输入、输出等各个方面，确保它们都能正常工作。有时候，问题可能并不明显，或者可能在特定的条件下才会出现。因此，复查时需要模拟各种使用场景，以全面检测设备的性能。

除了功能复查，还需要注意在维修过程中是否引入了新的问题。这可能是由于操作失误、更换的元件不匹配或是软件更新后的一些副作用。对于任何新出现的问题，都需要立即进行处理，确保设备的稳定性和可靠性。

除了对设备的直接检查，记录整个故障诊断和维修过程也是非常重要的。这不仅是为了满足一些行业规范或标准的要求，更重要的是为了提供有价值的资料，帮助团队积累经验。

详细的维修记录包括了故障的现象、诊断的方法、更换的元件和软件更新的内容等。这些信息都是非常宝贵的，可以为日后的维修工作提供参考。当遇到类似的问题时，有完整的记录可以迅速定位问题所在，提高维修效率。

此外，对于一些经常出现的问题，详细的记录也可以帮助团队识别其原因。

这样，可以在源头上解决问题，避免同样的问题反复出现。这也是对设备使用者的一种长期承诺和保障。

通过复查和记录，不仅可以确保维修的质量，还可以为团队的持续发展提供支持。随着时间的推移，这些经验和记录将成为团队宝贵的财富，为未来的维修工作提供坚实的基础。

综上所述，复查和记录是电子设备维修中不可或缺的两个环节。它们不仅关乎设备的性能和稳定性，还关系到团队的成长和发展。因此，每一位维修人员都应该认真对待这两个环节，确保每一次的维修都能达到最佳的效果。

（八）预防性维护与培训

故障诊断与维修并不仅仅是针对出现的问题进行修复，它更是一个全面、系统的过程。在这个过程中，预防措施和培训占据了重要的地位。

首先，预防性维护是确保设备稳定运行的关键。定期的检查、清洁、润滑等作业可以及时发现潜在的问题，避免小问题变成大故障。通过预防性维护，我们可以将故障发生的概率降到最低，从而保证设备的连续、稳定运行。

其次，对于已经出现的问题，诊断是第一步。通过仔细的观察、检测和分析，找出问题的根本原因，为后续的修复工作打下基础。精准的诊断能够避免不必要的更换和修理，节省成本和时间。

然后是修复。根据诊断结果，选择合适的方法和工具进行维修。这可能涉及更换损坏的元件、修复电路板、调整机械结构等。在修复过程中，要严格遵守操作规程，确保维修的质量和安全。

但仅有这些还不够，为了确保维修工作的持续有效性，定期的培训是必不可少的。随着技术的不断发展，新的故障模式和维修方法不断涌现。通过培训，维修人员可以了解最新的技术动态，提高自己的维修技能。同时，培训还能够加强团队之间的交流和合作，促进维修经验的共享。

此外，对于一些复杂的设备或系统，可能需要多方面的专业知识和技能。这时，跨部门的合作变得尤为重要。通过与其他部门的沟通与协作，可以更快地定位问题，提高维修的效率。

除了技术方面的培训，还有一些软技能也十分重要。例如，沟通能力的培养、时间管理技巧、团队协作精神等。这些都将直接影响维修工作的效果和效率。

综上所述，故障诊断与维修是一个综合性的过程，它涉及预防、诊断、修复和培训等多个方面。通过系统的管理和持续的改进，我们可以确保设备的稳定运行，为用户提供更好的服务体验。在这个过程中，每一个环节都至关重要，都值得我们投入足够的关注和努力。

电子电路的故障诊断与维修是一个综合性的过程，涉及多个方面的知识和技能。通过遵循上述流程中的各个步骤，可以确保故障得到快速、准确的定位和修复。在实际应用中，根据具体的设备和问题情况，可能还需要进一步调整和完善这一流程。随着技术的不断进步和应用需求的多样化，持续改进和优化故障诊断流程将是未来电子电路维修领域的重要发展方向。

二、维修技术的选择与优化

在电子电路故障诊断与维修中，选择合适的维修技术是确保快速、准确修复问题的关键。随着技术的不断进步，维修人员需要不断了解和掌握新的维修技术，并对其进行优化，以提高维修效率和准确性。下文将详细探讨维修技术的选择与优化在电子电路故障诊断与维修中的重要性。

（一）维修技术的选择

在面对不同的电子电路故障时，选择合适的维修技术至关重要。常用的维修技术包括。

（1）直接观察法：通过直接观察电子元件、电路板等是否有明显的物理损坏，如开路、短路等，来判断故障原因。

（2）电阻测量法：使用万用表测量电子元件的电阻值，判断元件是否正常工作。

（3）电压测量法：通过测量关键节点的电压值，判断电路是否正常工作。

（4）波形测量法：使用示波器观察信号的波形，判断电路是否正常工作。

（5）替换法：如果怀疑某个元件或电路模块出现问题，可以使用相同型号的元件或模块进行替换，观察故障是否排除。

根据不同的故障情况，选择合适的维修技术可以大大提高维修效率和准确性。例如，对于明显的物理损坏，直接观察法和替换法可能更为适用；对于难以判断的电路问题，电压测量法和波形测量法则更为精确。

（二）维修技术的优化

随着技术的发展，新的维修技术和工具不断涌现。为了提高维修效率和准确性，对现有维修技术进行优化是必要的。优化的方向可能包括以下几点。

（1）引入自动化诊断系统：利用计算机技术和算法，对电子电路进行自动化的故障诊断和定位。自动化诊断系统可以大大提高故障诊断的速度和准确性，减少人工检测的误差。

（2）使用高精度测量仪器：例如高精度的示波器、频谱分析仪等，可以提高信号测量的精度，进一步缩小故障范围。

（3）强化培训和知识更新：定期对维修人员进行培训和知识更新，使他们能够掌握最新的维修技术和工具，提高维修技能和效率。

（4）建立维修数据库：将维修记录、故障现象、解决方案等信息存储在数据库中，方便查询和参考。这有助于快速定位常见问题，并为未来的维修工作提供经验借鉴。

（5）加强预防性维护：通过定期对电子电路进行预防性维护，可以提前发现潜在问题并及时修复，降低故障发生的概率。这不仅可以减少突发性故障带来的损失，还可以延长设备的使用寿命。

（6）跨学科知识的整合：在某些复杂的电子电路故障中，可能涉及多个学科的知识。因此，加强跨学科知识的整合和应用，可以帮助维修人员更全面地分析问题，提高维修的准确性。例如，将电子技术与计算机技术相结合，利用计算机算法对电子信号进行分析和处理，辅助故障诊断。

（7）强化团队合作：在复杂的电子电路维修中，团队合作至关重要。不同领域的专家可以共同分析问题、提出解决方案并实施。这不仅可以提高维修效率，还可以促进知识的交流和共享。

（8）引入虚拟现实和增强现实技术：通过虚拟现实和增强现实技术，可以在实际维修之前进行模拟操作和演练，提高维修人员的技能和熟练度。同时，这些技术还可以辅助进行复杂电路的拆解和组装，提高维修的准确性。

（9）强化质量管理体系：建立完善的质量管理体系，确保每个维修环节都符合标准要求，减少因人为操作失误导致的故障复发。质量管理体系的建立还可以促进维修过程的规范化和标准化。

（10）持续改进和创新：鼓励维修人员不断探索新的维修技术和方法，持续改进现有流程，提高维修的效率和准确性。同时，关注行业动态和技术发展趋势，积极引入新技术和创新理念，推动电子电路故障诊断与维修领域的持续发展。

综上所述，选择合适的维修技术并进行优化是电子电路故障诊断与维修中的关键环节。通过不断引入新技术、加强培训和知识更新、跨学科知识的整合以及强化团队合作等措施，可以进一步提高维修效率和准确性，为电子设备的正常运行提供有力保障。

第十二章 新技术在故障诊断与维修中的应用

第一节 红外热成像技术在故障诊断中的应用

一、红外热成像技术简介

红外热成像技术是一种非接触、无损的检测方法,通过捕捉目标物体的红外辐射特性,实现对物体表面温度分布的测量和成像。由于所有物体都会发出不同程度的红外辐射,红外热成像技术成为一种广泛应用于科研、工业、医疗和军事领域的检测手段。下文将详细介绍红外热成像技术的原理、特点、应用和发展趋势。

（一）红外热成像技术原理

红外热成像技术基于热辐射原理。所有温度在绝对零度以上的物体,由于原子和分子结构内部的热运动,会持续释放出红外辐射能量。这种辐射能量与物体表面的温度和发射率有关。红外热成像仪就是通过接收物体发射的红外辐射,将其转换为电信号,再经过处理和显示,形成物体的热图像。

（二）红外热成像技术特点

非接触测温技术在当今工业生产和科学研究领域中具有广泛的应用价值。其中,红外热成像技术作为一种先进的非接触测温手段,凭借其独特的优势在许多领域中发挥着重要的作用。

首先,红外热成像技术的最大优点在于它能够通过捕捉物体发射的红外辐射进行测温,而无须直接接触物体。这一特性使得红外热成像技术在一些高温、危险或易碎物体的温度测量中具有显著的优势。在工业生产线上,许多材料在加工过程中会产生高温，直接接触测温不仅难度大，而且可能对测量设备造成损伤。而红外热成像技术可以在一定距离内快速获取物体的温度数据，大大提高了测量的安全性和便捷性。

其次，红外热成像技术能够实时监测物体表面温度变化。在许多应用场景中，温度的快速变化可能导致产品质量下降或设备故障。通过实时监测，我们可以及时发现这些温度异常，迅速采取措施进行干预，从而避免生产事故的发生。例如，在电力系统中，红外热成像技术可以实时监测输电线路和变压器的温度，确保电力设备的正常运行。

此外，大面积快速扫描是红外热成像技术的另一重要特点。在一些大型设备、建筑或广阔区域的温度检测中，传统测温方法费时费力，效率低下。而红外热成像技术可以对大面积区域进行快速扫描和温度分布测量，大大提高了检测效率。例如，在建筑领域中，红外热成像技术可以快速检测建筑物的保温性能和热传导性，为建筑节能和安全评估提供重要依据。

值得一提的是，红外热成像技术在夜间和恶劣环境下具有较好的应用效果。由于红外辐射不受光照条件影响，无论是在漆黑的夜晚还是强光照射下，红外热成像技术都能准确地获取物体的温度信息。在夜间巡检、野外考察、灾难救援等场景中，红外热成像技术发挥着不可替代的作用。例如，在灾难救援现场，通过红外热成像技术可以快速发现被困人员的体温变化，为救援工作提供宝贵的时间。

最后，红外热成像技术作为一种无损检测方法，不会对被测物体造成损伤，同时保证了检测过程的安全性。在一些精密仪器、光学元件或文化遗产的温度检测中，传统接触式测温可能导致物体损坏或污染。而红外热成像技术可以在不接触物体的前提下进行精确的温度测量，既保护了被测物体不受损伤，也避免了交叉污染的风险。

综上所述，红外热成像技术在非接触测温领域中具有显著的优势和应用价值。随着技术的不断发展和普及，相信它在未来还将拓展到更多领域，为人类的生产和生活带来更大的便利和安全保障。

（三）红外热成像技术的应用

在工业领域，红外热成像技术已经成为一种不可或缺的检测和维护工具。它能够快速、准确地检测出设备中的热故障，为设备的预防性维护和故障诊断提供有力支持。高炉是钢铁工业中的重要设备之一，高炉炉衬的热点检测是保障高炉安全运行的关键环节。红外热成像技术通过测量高炉内衬表面的温度分布，可以及时发现炉衬的破损和裂缝，预防事故发生，提高高炉的运行效率。在电力设备中，红外热成像技术能够检测出电线、变压器等设备的过热部位，预防设备损坏和火灾事故的发生。在汽车发动机检测中，红外热成像技术能够快速发现发动机内部的异常发热部位，帮助维修人员快速定位故障并修复问题。

除了工业领域，建筑和土木工程也是红外热成像技术的广泛应用领域。在建筑领域，红外热成像技术用于检测建筑物的保温性能和热传导性能。通过测量建筑物表面温度分布和热量传递情况，可以评估建筑物的节能性能和保温效果，为建筑设计和改造提供依据。在土木工程领域，红外热成像技术用于检测桥梁、隧道等结构的热缺陷和损伤。通过红外热像图可以快速发现结构中的裂缝、脱层等损伤，为结构的维护和加固提供重要信息。

在科研领域，红外热成像技术为许多学科的研究提供了新的手段和方法。在材料科学研究中，红外热成像技术用于研究材料的热性能、导热性能和热稳定性等。在生物医学研究中，红外热成像技术用于研究生物体的温度分布和热量变化，揭示生物体内的生理和病理过程。在天文学领域，红外热成像技术用于观测天体的温度分布和演化过程，为天文学研究提供重要数据。

在医疗领域，红外热成像技术为疾病的诊断和治疗提供了新的工具。人体各部位的异常温度分布与许多疾病有关，红外热成像技术能够实时、无损地测量人体温度分布情况。例如，乳腺癌是一种常见的恶性肿瘤，早期诊断和治疗对于提高治愈率和生存率至关重要。红外热成像技术可以通过测量乳房组织的温度分布，辅助医生判断肿瘤的位置和范围，为乳腺癌的早期诊断提供依据。此外，在炎症、神经性疾病、心血管疾病等领域，红外热成像技术也具有广泛的应用前景。

军事领域是红外热成像技术的另一个重要应用领域。在战争中，快速准确地识别敌方目标和武器装备至关重要。红外热成像技术能够透过烟雾、尘土等障碍物,实时获取目标的温度信息,提高武器制导的精度和作战效能。同时,红外热成像技术还用于夜视导航、隐蔽侦察等方面,提高军事装备的生存能力和作战性能。

综上所述,红外热成像技术在工业检测与维护、建筑和土木工程、科研、医疗和军事等领域都具有广泛的应用价值。随着技术的不断发展和完善,相信它在未来还将拓展到更多领域,为人类生产和生活带来更大的便利和安全保障。

(四)红外热成像技术的发展趋势

随着科技的进步,红外热成像技术也在不断地发展和完善,其在各个领域的应用也愈加广泛。为了更好地满足各种应用需求,红外热成像技术正朝着高分辨率和高灵敏度、小型化和集成化、智能分析和诊断系统、多光谱和超光谱成像技术结合、网络化和远程监控、与其他检测技术的融合、标准化和互通性、环境适应性和可靠性提升、普及教育和培训以及跨界合作与创新发展的方向发展。

1.高分辨率和高灵敏度

随着红外探测器技术的发展,红外热成像仪器的分辨率和灵敏度得到了极大的提升。高分辨率的红外热成像仪器能够提供更加清晰的目标图像,更好地识别细节和特征。高灵敏度的仪器则能够检测到更小的温度变化和更微弱的红外辐射,从而实现更精确的温度测量。这种发展趋势使得红外热成像技术在各种高精度测量和检测领域的应用更加广泛,如科学研究、工业检测、医疗诊断等。

2.小型化和集成化

随着微电子技术和纳米技术的发展,红外热成像仪器正朝着小型化和集成化的方向发展。小型化的仪器便于携带和移动,集成化的仪器则能够与其他设备或系统进行无缝集成,提高使用的便利性和功能性。这种发展趋势使得红外热成像技术在各种便携式设备、智能穿戴、无人机等领域的应用更加广泛,满足了用户对便携、高效、智能的需求。

3.智能分析和诊断系统

利用人工智能和机器学习技术,红外热成像技术正与智能分析和诊断系统相结合。这种智能系统能够自动识别和判断异常温度区域,提供预警和诊断信息,提高检测效率和准确性。通过深度学习和模式识别技术,智能系统还能够对红外热成像图像进行自动分类、识别和跟踪,进一步拓展了红外热成像技术的应用范围和潜力。

4.多光谱和超光谱成像技术结合

将红外热成像技术与多光谱和超光谱成像技术相结合是当前研究的热点之一。这种技术能够在不同波段对目标进行同时探测和分析,提供更加丰富和全面的信息。通过多光谱和超光谱成像技术,用户可以获取目标的多种物理参数和化学成分信息,为科学研究、环境监测、农业应用等领域提供了强有力的工具。

5.网络化和远程监控

利用物联网技术和远程通信技术,红外热成像仪器正实现网络化和远程监控。这种技术使得用户可以通过网络实时获取远程目标的红外热成像数据,对多个目标和广域范围进行实时监测和管理。网络化和远程监控技术为城市管理、安全监控、灾害预警等领域提供了便捷的解决方案,有助于提高管理效率和预警能力。

6.与其他检测技术的融合

将红外热成像技术与超声检测、微波检测等技术融合是当前研究的另一个重要方向。这种多模态复合检测系统能够充分发挥各种技术的优势,提高检测的准确性和可靠性。通过多种技术的融合,用户可以获得更加全面和准确的目标信息,为各种复杂和苛刻条件下的应用提供强有力的支持。

7.标准化和互通性

为了方便用户选择和使用,制定统一的标准和规范是必要的。标准化能够促进不同品牌和型号的红外热成像仪器之间的互通性和互操作性,提高设备的兼容性和易用性。同时,标准化还有助于推动技术的规范发展和创新,促进产业的健康发展。

8.环境适应性和可靠性提升

针对复杂环境和恶劣条件下的应用需求,提升红外热成像仪器的环境适应性和可靠性是至关重要的。这种提升能够保证仪器在各种条件下都能稳定可靠地工作，为用户提供准确可靠的目标信息。通过改进材料、优化设计和加强生产质量控制等措施，可以进一步提高红外热成像仪器的环境适应性和可靠性。

9.普及教育和培训

加强红外热成像技术的普及教育和培训工作是推动技术广泛应用和发展的重要措施之一。通过教育和培训，可以培养更多的专业人才和提高用户对技术的认识和应用能力。这将有助于推广红外热成像技术在各个领域的应用，促进技术的普及和发展。教育和培训可以通过多种途径实现，如专业课程、实践培训、网络教育等。

10.跨界合作与创新发展

鼓励不同领域和行业的专家学者、工程师和技术人员跨界合作是推动红外热成像技术创新发展的重要途径之一。通过跨界合作，可以汇集各方优势资源和技术力量，共同攻克技术难题和发展新的应用领域。此外，跨界合作还有助于促进不同领域之间的交流与合作，推动产业的发展和创新。为了实现跨界合作与创新发展，需要建立有效的合作机制和平台，加强各方之间的联系与沟通，促进资源共享和协同创新。

总的来说，这些发展趋势将进一步拓展红外热成像技术的应用范围和潜力，满足各种领域的需求。未来，随着技术的不断进步和创新发展，相信红外热成像技术将在更多领域发挥重要作用，为人类生产和生活带来更大的便利和安全保障。

总之，红外热成像技术作为一种重要的无损检测手段，在各个领域中发挥着重要作用。随着技术的不断进步和应用需求的增加，红外热成像技术将继续发展并拓展其应用范围。未来将会有更多创新性的研究和应用成果涌现出来，为人们的生活和工作带来更多便利和价值。

二、红外热成像技术在故障诊断中的应用

在当今高度数字化的世界中，电子设备已成为日常生活和工业生产不可或缺的组成部分。电子电路作为这些设备的核心，其正常运行对于设备的性能和可靠性至关重要。然而，由于各种原因，电路可能会出现故障，导致设备性能

下降或完全失效。为了确保电子电路的正常运行，需要一种高效、准确的故障诊断方法。红外热成像技术在此领域中发挥了重要作用。

（一）红外热成像技术的原理

红外热成像技术基于物体辐射的原理，即所有温度高于绝对零度的物体都会发出红外辐射。这种辐射与物体的温度、发射率和表面状况有关。红外热像仪捕获这些辐射并将其转换为可视图像，从而提供物体的温度分布。

（二）在电子电路故障诊断中的应用

（1）短路与断路检测：在电子电路中，短路和断路是常见的故障。当电路中出现短路时，电流会异常增加，导致相关元器件的温度升高。断路则相反，由于电流的突然中断或减小，相关元器件的温度会降低。通过红外热像仪观察电路的温度分布，可以快速定位这两种故障。

（2）接触不良检测：接触不良是电子设备中常见的隐性故障，它可能导致设备性能不稳定或完全失效。由于接触不良的区域在工作时会有热量损耗，其温度通常低于正常工作的区域。通过红外热像技术可以直观地检测出这些区域。

（3）集成电路故障诊断：在现代电子设备中，集成电路是核心组件，其复杂性和集成度都在不断增加。使用传统的测试方法很难检测出某些故障，而红外热成像技术为集成电路的检测提供了新途径。例如，它可以检测出集成电路内部的局部过热现象，从而定位潜在的故障点。

（4）动态性能评估：在某些情况下，电子电路在负载变化或工作模式切换时可能会表现出不同的性能。通过红外热成像技术，可以在不中断电路工作的情况下实时监测温度变化，从而评估电路的动态性能和稳定性。

（5）故障预测与维护：除了故障诊断，红外热成像技术还可以用于预测潜在的故障。通过对电路进行定期的红外扫描，可以识别出温度异常区域，从而预测可能的故障点。这种预防性的维护策略可以大大延长电子设备的使用寿命。

（6）材料缺陷检测：在制造过程中，电子元器件或电路板上的任何微小缺陷都可能导致性能问题或早期失效。红外热成像技术能够检测到这些缺陷引起的温度异常，从而在早期阶段识别并修复这些问题。

（7）环境适应性评估：在某些应用中，电子设备需要承受极端的工作环境，如高温、低温或高湿等。红外热成像技术可以用来评估设备在这些环境下的性能和稳定性，确保其正常工作。

（8）培训与教育：对于初学者和技术人员来说，红外热成像技术提供了一个直观的方式来理解电子电路的工作原理和故障模式。通过观察温度分布和变化，他们可以更好地理解电路的工作状态和潜在问题。

（9）辅助其他诊断方法：红外热成像技术可以与其他故障诊断方法结合使用，如电测试、振动分析等，以提供更全面的故障分析结果。例如，在电测试之后，可以使用红外热成像技术来验证测试结果或进一步定位问题区域。

（10）提高诊断效率：对于许多复杂的电子设备来说，逐一排查故障可能是一项耗时且困难的任务。红外热成像技术能够快速准确地定位故障点，大大提高了诊断效率，减少了维修时间。

（11）非侵入式检测：由于红外热成像技术是通过外部测量物体的温度分布来进行故障诊断的，因此它是一种非侵入式的检测方法。这意味着它不会对电路或设备造成进一步的损害或破坏。

（12）适用于各种尺寸的电路：无论是大型的电路板还是微小的集成电路，红外热成像技术都能提供有效的故障诊断服务。这使得它在各种规模的应用中都得到了广泛的应用。

（13）实时监测与远程诊断：现代的红外热像仪具有实时数据传输和远程控制功能，使得工程师和技术人员能够在远端实时监测设备的运行状态和温度变化，进行远程故障诊断和修复指导。

（14）提高产品质量与可靠性：通过使用红外热成像技术进行故障诊断和监测，制造商可以大大提高其产品的质量和可靠性，减少售后维修和退换货的比例。

（15）环保与社会效益：与传统的一些故障诊断方法相比，如X光或放射性检测等，红外热成像技术更加环保无害。它不会产生有害的副产品或辐射，对操作员和环境更加安全友好。

三、案例分析

随着电子技术的飞速发展，电子设备在各个领域的应用越来越广泛，而电子电路作为设备的核心部分，其正常运行对于设备的性能和可靠性至关重要。在电子电路的故障诊断中，红外热成像技术因其独特的优势，得到了广泛的应用。本章节将通过一些实际案例，深入探讨红外热成像技术在电子电路故障诊断中的具体应用。

案例一：汽车发动机控制模块的故障诊断

问题描述：一辆汽车的发动机出现异常，经过初步检查，怀疑是发动机控制模块的问题。但由于模块内部结构复杂，且在汽车内部位置较深，常规的检测方法难以实施。

解决方案：采用红外热成像技术对发动机控制模块进行检测。首先，对模块进行正常工作时的温度记录，然后与异常工作时的温度进行对比。发现某一部分的温度明显高于其他部分，这表明该部分可能存在短路或过载等问题。

后续处理：根据红外热成像的定位，对控制模块进行拆解，进一步检查该部分，发现是一个电阻元件由于长时间工作导致的过热，导致了模块的故障。更换该电阻后，发动机恢复正常工作状态。

案例二：智能手机电路板的故障诊断

问题描述：一部智能手机在使用过程中频繁出现重启、电池消耗过快的问题。经初步检查，未发现明显的物理损坏或元件烧毁。

解决方案：采用红外热成像技术对手机电路板进行检测。发现在某个集成电路区域存在异常高温现象，而周围其他区域温度正常。

后续处理：根据红外热成像的定位，对该集成电路进行进一步检查，发现是其中的一个芯片连接不良，导致在工作过程中出现异常发热。对芯片进行重新焊接后，手机恢复正常工作状态。

案例三：电力变压器故障诊断

问题描述：某电力变压器在运行过程中出现异常声音和气味，疑似内部电路出现故障。但变压器密封且空间狭小，常规检测方法难以实施。

解决方案：采用红外热成像技术对变压器进行检测。通过红外图像发现某处温度异常高，明显高于其他部分。初步判断为该处可能存在过载或接触不良的问题。

后续处理：进一步对变压器进行详细检查，发现是某处电线接头松动，导致接触电阻增大，产生高温。对松动的接头进行紧固后，变压器恢复正常工作状态。

案例四：高速摄像机电路板的维修

问题描述：一台高速摄像机在拍摄过程中突然出现画面闪烁和重启的问题。初步检查未发现明显的物理损坏。

解决方案：采用红外热成像技术对摄像机的电路板进行检测。通过红外图像发现某集成电路区域存在异常高温现象，而周围其他区域温度正常。

后续处理：根据红外热成像的定位，对该集成电路进行进一步检查和更换，发现是一个高速处理芯片出现了问题。更换芯片后，摄像机恢复正常工作状态。

案例五：服务器电源故障诊断

问题描述：某服务器在运行过程中突然断电，再次通电后无法正常启动。初步检查未发现明显的物理损坏或元件烧毁。

解决方案：采用红外热成像技术对服务器的电源部分进行检测。发现在电源模块处存在大面积的高温现象，温度远高于其他部分。初步判断为电源模块内部存在问题。

后续处理：进一步拆解电源模块进行检查，发现是电源模块中的某一部分出现故障，导致电源转换效率降低，产生高温。更换故障部分后，服务器恢复正常工作状态。

这些案例仅仅是红外热成像技术在电子电路故障诊断中应用的冰山一角。在实际应用中，红外热成像技术凭借其非接触、快速、准确的优点，已经成为电子设备故障诊断的首选方法之一。随着技术的不断进步和应用领域的拓展，相信红外热成像技术在未来的电子行业中将继续发挥重要作用。

第二节 嵌入式系统在故障诊断中的应用

一、嵌入式系统简介

嵌入式系统，常被视为现代电子设备与智能应用的"大脑"，其重要性不言而喻。嵌入式系统是一种专用的计算机系统，它被设计并集成到那些执行单一或有限功能的电子设备中。这些系统的主要目标是实现某种特定的功能，如控制机械、监测数据、驱动显示等。嵌入式系统与通用计算机系统的主要区别在于其高度的专业化和集成性，以及与外部硬件和软件的紧密联系。

（一）嵌入式系统的定义与组成

1.定义

嵌入式系统可以被定义为一种专用的计算机系统，它被嵌入到其他设备中，以控制、监视或帮助设备进行某项特定任务。这种系统是为了满足特定功能需求而设计的，与通用计算机系统相比，它更加专注于某一特定领域的应用。嵌入式系统广泛应用于各种领域，如工业控制、智能家居、医疗设备、航空航天等。

嵌入式系统的核心特点是其目的性和集成性。它被设计用来执行特定的任务，具有高度的功能性和可靠性。同时，嵌入式系统是作为一个更大系统的一部分而存在的，它与周围的环境紧密集成，与其他组件协同工作，以实现整个系统的功能。

嵌入式系统的硬件和软件都是根据特定的应用需求进行定制的。由于其专用性，嵌入式系统的硬件和软件通常是紧密耦合的，这意味着软件和硬件必须协同设计、开发和优化，以确保系统的性能和可靠性。

2.组成

尽管嵌入式系统的形式和规模各异，但它们通常都包含以下几个基本部分：处理器、存储器、输入/输出接口以及软件。

处理器是嵌入式系统的核心，负责执行指令和处理数据。根据应用需求，可以选择不同类型的处理器，如微控制器、数字信号处理器（DSP）、应用特定集成电路（ASIC）等。

存储器是嵌入式系统中用于存储数据和程序的部件。它通常包括只读存储器（ROM）、随机存取存储器（RAM）和闪存（Flash Memory）等。

输入/输出接口是嵌入式系统与外部环境进行交互的通道。它们负责接收外部信号、数据和命令，并将系统输出的数据和命令发送给外部设备。常见的输入/输出接口包括串行通信接口（如 UART、SPI 等）、并行通信接口、模拟量输入/输出接口等。

软件是嵌入式系统的灵魂，它控制着系统的行为和功能。嵌入式系统的软件通常包括操作系统、中间件和应用软件等。操作系统负责管理系统的硬件资源、调度任务、处理中断等；中间件提供通信和数据处理服务；应用软件是根据特定应用需求开发的程序，负责实现特定的功能。

除了以上基本部分，嵌入式系统还可能包含其他组件，如电源管理单元、时钟单元等。这些组件都为系统的正常运行提供支持。

总之，嵌入式系统是一种专用的计算机系统，它被嵌入到其他设备中以实现特定的功能。尽管形式和规模各异，但它们通常都包含处理器、存储器、输入/输出接口以及软件等基本部分。随着技术的发展和应用的不断拓展，嵌入式系统将在更多领域发挥重要作用，为人类生产和生活带来更大的便利和安全保障。

（二）嵌入式系统的应用领域

嵌入式系统的应用领域非常广泛，几乎涉及生活的方方面面。以下是其主要的应用领域。

（1）工业自动化：在制造业中，嵌入式系统被广泛应用于控制机械、监测过程和确保生产线的安全。它们可以自动控制机器的运行，精确地监测生产过程中的各种参数，及时发现并处理异常情况，从而提高生产效率、产品质量和安全性。

（2）汽车电子：现代汽车中，许多关键功能都是由嵌入式系统控制的，如引擎控制、刹车系统、安全气囊等。嵌入式系统可以提高汽车的性能、安全性和舒适性，使驾驶更加便捷和安全。

（3）医疗设备：许多医疗设备，如心脏起搏器、呼吸机、诊断仪器等都依赖于嵌入式系统来确保设备的正常运行。嵌入式系统可以监测患者的生理参数、控制药物的输注、提高医疗设备的可靠性和安全性。

（4）消费电子：从电视、洗衣机到智能手机，几乎所有的现代消费电子产品都内置了嵌入式系统。嵌入式系统可以实现产品的智能化、自动化和个性化，提供更好的用户体验和功能。

（5）智能家居：嵌入式系统被广泛应用于智能家居设备，如智能灯泡、智能音箱、智能家电等。它们可以通过互联网连接，实现远程控制、自动化控制和智能管理，提高生活的便利性和舒适性。

（6）环境监测：在环境监测领域，嵌入式系统被用于收集和处理环境数据，如温度、湿度、气压、噪声等。这些数据可以帮助科学家了解环境状况、预测气候变化和保护自然资源。

（7）航空航天：在航空航天领域，嵌入式系统用于控制航天器的各种复杂任务，如卫星通信、导航定位、发动机控制等。它们必须具有高可靠性、稳定性和精度，以确保航天器的安全和有效运行。

（8）通信：嵌入式系统在通信设备中发挥着关键作用，如路由器、基站、调制解调器等。它们可以实现数据的传输、交换和路由，保障通信的稳定性和可靠性。

（9）军事用途：在军事领域，嵌入式系统被用于各种武器系统和通信设备中。它们可以提高军事装备的性能、作战效率和战斗力，对于国家的安全和发展具有重要意义。

（10）科学研究：在许多科学研究中，嵌入式系统用于数据采集、分析和模拟实验。例如，在生物学研究中，嵌入式系统可以用于监测生物体的生理参数；在物理学研究中，嵌入式系统可以用于控制实验设备和采集实验数据。这些应用可以提高研究的效率和准确性，推动科学的进步和发展。

随着技术的不断发展，嵌入式系统的应用领域还将继续扩大和深化。未来，嵌入式系统将更加智能化、网络化和集成化，为人类的生产和生活带来更多的便利和创新。

（三）嵌入式系统的硬件与软件

嵌入式系统是一种专用的计算机系统，它被设计用于控制、监测或辅助特定设备的操作。由于其高度专业化和特定化的特性，嵌入式系统的应用领域非常广泛，几乎涉及生活的方方面面，如工业自动化、汽车电子、医疗设备、消费电子、智能家居、环境监测、航空航天、通信、军事用途和科学研究等。

在硬件方面，嵌入式系统的硬件通常包括处理器、存储器、输入/输出接口以及各种传感器和执行器。其中，处理器的选择是硬件设计的关键部分，因为它决定了系统的性能和功能。根据应用的需要，可以选择不同类型的处理器，如微控制器、数字信号处理器（DSP）或应用处理器。微控制器是一种常见的嵌入式处理器，它具有高度的集成度，能够控制和管理系统的各种操作。数字信号处理器（DSP）则主要用于信号处理和算法实现，适用于需要高速数字信号处理的场合。应用处理器则是一种通用的嵌入式处理器，它具有强大的计算能力和丰富的外设接口，能够实现各种复杂的应用功能。

除了处理器，存储器也是嵌入式系统中的重要组成部分。存储器用于存储程序代码和数据，它可以是易失性的（如 RAM）或非易失性的（如 ROM、Flash 等）。输入/输出接口则是实现系统与外部设备或传感器通信的关键部分，它可以包括各种类型的接口，如串行接口、并行接口、GPIO 接口等。此外，各种传感器和执行器也是嵌入式系统中的重要组成部分，它们用于监测外部环境或控制外部设备的操作。

在软件方面，嵌入式系统的软件通常是为特定的硬件平台编写的，因此它与硬件紧密相关。嵌入式系统的软件通常包括操作系统、驱动程序和应用软件。操作系统是整个系统的核心，它负责管理系统的硬件资源和软件程序，提供统一的接口和调度机制。驱动程序是操作系统的一部分，用于控制特定的硬件设备。驱动程序与硬件设备紧密相关，需要根据具体的硬件设备进行编写和调试。应用软件则是实现特定功能的程序，如控制机械、监测数据或驱动显示等。应用软件需要根据具体的应用需求进行编写和调试。

在实际应用中，嵌入式系统的软件和硬件需要协同工作才能实现系统的功能和性能要求。硬件为系统提供了基本的计算和通信能力，而软件则为系统提供了智能化的控制和管理机制。因此，在嵌入式系统的设计和开发中，需要充分考虑软硬件的协同工作，以达到最优的系统性能和功能。

总之，嵌入式系统是一种高度专业化和特定化的计算机系统，它被广泛应用于各种领域中。其硬件和软件的设计与开发都需要根据具体的应用需求进行定制和优化。随着技术的不断发展，嵌入式系统的性能和功能将不断提升和完善，为人类的生产和生活带来更多的便利和创新。

（四）嵌入式系统的开发工具与环境

在开发嵌入式系统时，选择合适的工具至关重要。这些工具可以帮助开发人员更高效地编写、测试和调试代码，从而提高开发效率和系统稳定性。

首先，编译器是开发嵌入式系统时必不可少的工具之一。编译器用于将源代码转换成目标平台上的可执行代码。对于不同的硬件平台和操作系统，需要选择不同的编译器。例如，针对 ARM 架构的嵌入式系统，可以选择 ARM GCC 编译器；针对 Windows 操作系统，可以选择 Microsoft Visual C++编译器。编译器有许多选项和参数可以调整，以适应不同的开发需求。

其次，调试器是另一种重要的开发工具。嵌入式系统的调试通常需要在目标硬件上进行，因此需要一个能够与硬件通信的调试器。常见的调试器包括 JTAG 调试器和串口调试器等。这些调试器可以用于在目标硬件上单步执行代码、查看变量值和内存内容等操作。

除此之外，模拟器也是一种方便的开发工具。模拟器可以模拟目标硬件的行为，使开发人员在本地计算机上进行测试和调试。模拟器可以帮助开发人员发现和修复一些潜在的错误，同时也可以减少在目标硬件上进行测试的次数，从而节省时间和成本。

最后，测试工具也是开发嵌入式系统时必不可少的工具之一。测试工具用于测试系统的功能和性能是否符合要求。常见的测试工具包括单元测试框架、压力测试工具和性能分析工具等。这些工具可以帮助开发人员进行全面的测试，从而确保系统的稳定性和可靠性。

在选择开发工具时，需要考虑目标硬件平台、操作系统和开发环境等因素。不同的工具适用于不同的平台和环境，因此需要根据实际情况进行选择。此外，还需要考虑工具的易用性、稳定性和可维护性等因素。

除了开发工具，开发环境也是开发嵌入式系统时需要考虑的重要因素之一。开发环境包括一个用于编写和编辑代码的文本编辑器和用于编译和链接代码的编译器。一个好的开发环境可以提高开发效率和质量，因此选择一个合适的开发环境非常重要。

常见的开发环境包括 Eclipse、Visual Studio 和 Code:Blocks 等。这些环境提供了丰富的功能，如代码高亮、自动完成、语法检查和代码重构等，可以帮助开发人员更高效地编写代码。同时，这些环境还支持多种编译器和调试器，可以满足不同硬件平台和操作系统的需求。

在选择开发环境时，需要考虑自己的编程习惯、需求和技能等因素。不同的开发环境适用于不同的需求和技能水平，因此需要根据实际情况进行选择。此外，还需要考虑环境的稳定性、可扩展性和可维护性等因素。

总之，选择合适的开发工具和开发环境是开发嵌入式系统时的重要步骤之一。合适的工具可以提高开发效率和质量，同时也可以减少错误和调试时间。选择一个合适的开发环境可以帮助开发人员更高效地编写代码和管理项目。随着技术的不断发展，越来越多的工具和环境将不断涌现，为嵌入式系统的开发提供更多的选择和支持。

二、嵌入式系统在故障诊断中的应用

在电子设备中，电路的正常运行是至关重要的。一旦电路出现故障，可能会导致设备性能下降、功能失效，甚至引发安全问题。因此，对电子电路进行故障诊断是维护和保障设备可靠性的关键环节。随着技术的发展，嵌入式系统在电子电路故障诊断中的应用越来越广泛。

（一）嵌入式系统的特点与优势

嵌入式系统是一种专用的计算机系统，具有实时性、可靠性和高度集成性等特点。它通常被嵌入到其他设备中，负责控制、监测或辅助设备完成特定任务。由于其高度专业化和紧密耦合的特性，嵌入式系统在电子电路故障诊断中具有显著的优势。

（1）实时性：嵌入式系统能够实时收集和处理电路中的数据，及时发现异常情况。

（2）可靠性：嵌入式系统具有高度的稳定性和可靠性，能够在恶劣环境下正常工作。

（3）高度集成：嵌入式系统可以集成多种传感器和执行器，实现电路的全面监测。

（二）嵌入式系统在电子电路故障诊断中的应用方式

（1）故障检测：嵌入式系统通过实时监测电子电路的电压、电流等参数，判断电路是否处于正常工作状态。一旦发现异常，立即触发报警或采取保护措施。

（2）故障定位：嵌入式系统结合故障检测结果，利用内置的算法和模型，定位故障发生的位置和原因。这有助于快速准确地确定维修方案。

（3）故障预测：通过分析历史数据和实时监测结果，嵌入式系统能够预测电路可能出现的故障，提前采取预防措施。

（4）决策支持：嵌入式系统可以将收集到的数据和分析结果传输给上位机或云平台，为决策者提供有力支持，优化维修计划和管理策略。

（三）未来发展与挑战

随着技术的不断发展，嵌入式系统在电子电路故障诊断中的应用将更加广泛和深入。未来，嵌入式系统将集成更多先进的传感器和算法，实现更高效、准确的故障诊断和预测。同时，随着物联网和云计算技术的发展，嵌入式系统将能够实现远程监控和诊断，进一步提高故障诊断的及时性和准确性。

然而，也面临着一些挑战：

（1）数据安全：随着越来越多的数据被收集和处理，如何确保数据的安全性和隐私成为亟待解决的问题。

（2）技术更新：随着电子设备和系统的复杂性不断增加，需要不断更新和完善故障诊断算法和技术。

（3）成本与集成：虽然嵌入式系统的性能和功能不断提升，但如何降低成本并实现更简便的集成是关键问题。

三、案例分析

随着科技的飞速发展，嵌入式系统在许多领域都得到了广泛应用。特别是在电子电路故障诊断中，嵌入式系统以其强大的实时监测、数据处理和诊断能力，为电子设备的可靠性和稳定性提供了有力保障。下文将通过案例分析，深入探讨嵌入式系统在电子电路故障诊断中的应用。

（一）嵌入式系统的基本原理与功能

嵌入式系统是一种专用的计算机系统，它通常被嵌入到其他设备中，负责控制、监测或辅助设备完成特定任务。它具有实时性、可靠性和高度集成性等特点，能够实时收集和处理数据，并对异常情况进行快速响应。

（二）案例分析

1.案例一：汽车电子控制系统

在现代汽车中，电子控制系统已成为不可或缺的部分。嵌入式系统被广泛应用于发动机控制、刹车系统、悬挂系统等关键部分。本案例将分析嵌入式系统在汽车电子控制系统中的应用。

故障检测：嵌入式系统通过实时监测发动机控制单元（ECU）的输入输出信号，判断各传感器和执行器是否正常工作。一旦检测到异常信号，立即触发报警或采取保护措施。

故障定位：嵌入式系统结合故障检测结果，利用内置的算法和模型，定位故障发生的位置和原因。维修人员可以根据这些数据制定合理的维修计划，提前更换易损件或进行必要的调整，确保汽车的安全运行。

故障预测：嵌入式系统持续监测 ECU 的工作状态，结合历史数据和实时信号，预测可能出现的故障。这有助于减少意外停机和维护成本，提高设备的整体可靠性。

决策支持：嵌入式系统将收集到的数据和分析结果上传至云平台或上位机，为维修人员提供决策支持。这有助于优化维修计划和管理策略，确保电子电路设备的可靠性和安全性。

2.案例二：航空电子设备

航空电子设备是飞机的重要组成部分，其可靠性直接关系到飞行安全。本案例将分析嵌入式系统在航空电子设备故障诊断中的应用。

故障检测：嵌入式系统通过实时监测航空电子设备的各项参数，如电压、电流、温度等，判断设备是否处于正常工作状态。一旦发现异常情况，立即触发报警或采取保护措施。

故障定位：嵌入式系统结合故障检测结果，利用内置的算法和模型，定位故障发生的位置和原因。这有助于快速准确地确定维修方案，避免因误判或漏判导致的延误和安全问题。

故障预测：通过分析历史数据和实时监测结果，嵌入式系统能够预测航空电子设备可能出现的故障，提前采取预防措施。这有助于减少意外停机和维护成本，提高设备的整体可靠性。

决策支持：嵌入式系统将收集到的数据和分析结果传输给上位机或云平台，为决策者提供有力支持。这有助于优化维修计划和管理策略，确保航空电子设备的可靠性和安全性。

通过以上案例分析可以看出，嵌入式系统在电子电路故障诊断中发挥着重要作用。它能够实时监测设备的运行状态，快速准确地定位和预测故障，并提供决策支持。随着技术的不断发展，嵌入式系统的功能和应用范围还将不断拓展。未来，我们期待嵌入式系统能够在电子电路故障诊断中发挥更大的潜力，为设备的可靠性和稳定性提供更加有力的保障。

第三节　人工智能技术在故障诊断中的应用

一、人工智能技术简介

人工智能（AI）是一门研究、开发用于模拟、延伸和扩展人的智能的理论、方法、技术及应用系统的新技术科学，它是计算机科学的一个分支，其研究领域包括机器学习、计算机视觉、自然语言处理和专家系统等。人工智能旨在让机器能够胜任一些通常需要人类智能才能完成的复杂工作。根据智力水平的不同，人工智能可分为弱人工智能和强人工智能。弱人工智能专注于特定领域的问题解决，而强人工智能则具备全面的认知能力，能在多个领域给出超越人类的解决方案。

（一）机器学习

机器学习是人工智能的一个重要分支，它使计算机能够在没有明确编程的情况下学习经验。通过使用各种算法，如决策树、神经网络和支持向量机等，机器学习模型可以从大量数据中提取有用的信息，并根据这些信息进行预测或决策。在电子电路故障诊断中，机器学习技术可以帮助系统识别异常信号，预测设备可能出现的故障，并为维修人员提供有关如何处理这些故障的建议。

（二）计算机视觉

计算机视觉是使计算机能够像人一样具有图像处理和识别能力的技术。通过使用图像捕获设备，计算机视觉系统可以获取图像或视频数据，然后利用各种算法和技术对这些数据进行处理、分析和理解。在电子电路故障诊断中，计算机视觉技术可以帮助检测电路中的缺陷、损坏或异常情况，提高故障检测的准确性和效率。

（三）自然语言处理

自然语言处理（NLP）是使计算机能够理解和生成人类语言的能力的技术。NLP通过使用词嵌入、循环神经网络（RNN）、长短期记忆（LSTM）和Transformer等算法和技术，使计算机能够理解和生成人类语言。在电子电路故障诊断中，自然语言处理技术可以帮助将人类语言（如故障报告、维修记录等）转化为计算机可读的格式，使计算机能够更好地理解和分析这些数据。

（四）专家系统

专家系统是人工智能的另一个重要分支，它使用知识库和推理引擎来模拟专家级别的知识和技能。专家系统通常包括知识库、推理机、解释器和其他辅助功能。在电子电路故障诊断中，专家系统可以结合故障检测、定位和预测等方面的知识，为维修人员提供快速准确的故障诊断建议。

综上所述，人工智能技术在电子电路故障诊断中发挥着重要作用。通过结合机器学习、计算机视觉、自然语言处理和专家系统等技术，人工智能可以帮助实现快速、准确和高效的故障检测、定位和预测，提高设备的可靠性和稳定性。未来，随着技术的不断发展和完善，人工智能在电子电路故障诊断中的应用将更加广泛和深入。同时，随着数据隐私和安全问题的日益突出，如何在保护个人隐私和数据安全的前提下有效利用人工智能技术，将是未来研究和应用的重要方向。

二、人工智能技术在故障诊断中的应用

随着科技的迅速发展，电子设备在日常生活中的作用越来越重要，对电子设备的可靠性和稳定性的要求也随之提高。然而，由于电子设备结构的复杂性，故障诊断和修复成了一项具有挑战性的任务。传统的故障诊断方法通常需要专业人员使用昂贵的测试设备进行逐一排查，效率低下且容易出错。人工智能（AI）技术的出现为解决这一问题提供了新的可能性。下文将探讨人工智能技术在电子电路故障诊断中的应用，以及其可能带来的影响和未来的发展趋势。

（一）人工智能技术的基础知识

人工智能技术是一种模拟人类智能的计算机技术，其目的是让机器能够像人一样思考、学习和解决问题。在电子电路故障诊断中，人工智能技术可以通过各种算法和模型来处理和分析故障数据，从而快速准确地定位和预测故障。

（二）人工智能技术在电子电路故障诊断中的应用

（1）专家系统：专家系统是一种模拟专家知识和经验的技术，可以用于电子电路故障诊断。通过专家系统，可以快速地识别和预测故障，并提供相应的解决方案。专家系统通常包括知识库、推理引擎和解释器等部分。

（2）神经网络：神经网络是一种模拟人类神经系统的技术，可以通过训练来识别和预测故障。在电子电路故障诊断中，神经网络可以用于处理复杂的非线性问题，并自动提取有用的特征。

（3）支持向量机：支持向量机是一种分类和回归分析的机器学习算法，可以用于电子电路故障诊断。通过训练支持向量机模型，可以快速准确地分类和预测故障。

（4）深度学习：深度学习是一种基于神经网络的机器学习技术，可以自动提取有用的特征并进行高层次的抽象。在电子电路故障诊断中，深度学习可以

用于处理大规模的故障数据集,并提高故障预测的准确性和可靠性。

人工智能技术在电子电路故障诊断中具有广泛的应用前景。通过将人工智能技术应用于电子电路故障诊断,可以实现对故障的快速定位和预测,提高诊断效率和准确性,降低维修成本。未来,随着人工智能技术的不断发展和完善,相信其在电子电路故障诊断中的应用将更加广泛和深入。同时,需要进一步研究和探索如何将人工智能技术与传统故障诊断方法相结合,以提高故障诊断的准确性和可靠性。此外,需要考虑如何解决数据获取和标注的难题,以及如何提高模型的泛化能力等问题。总之,人工智能技术在电子电路故障诊断中的应用具有重要的理论意义和实际价值,值得进一步研究和推广。

三、案例分析

随着电子设备在日常生活和工作中的普及,其可靠性和稳定性变得越来越重要。当电子设备出现故障时,快速准确地诊断和修复成了关键。传统的故障诊断方法往往依赖于人工,不仅效率低下,而且容易出错。而人工智能(AI)技术为这一问题提供了全新的解决方案。下文将深入探讨人工智能技术在电子电路故障诊断中的具体应用案例,并分析其效果和价值。

(一)案例选择与背景

为了全面展示人工智能在电子电路故障诊断中的应用,我们选取了一个具有代表性的案例:一家大型电子设备制造公司的电路板故障诊断。该公司面临的挑战是:如何快速、准确地检测和定位电路板上的故障,以确保产品质量和客户满意度。

(二)人工智能技术的应用过程

(1)数据收集与预处理:收集电路板的工作数据,包括电流、电压、温度等,并进行预处理,如数据清洗、格式转换等,以确保数据质量。

(2)特征提取:利用机器学习算法从原始数据中提取关键特征,如频率、波形等,这些特征将用于后续的故障诊断。

(3)模型训练:使用支持向量机(SVM)、决策树或神经网络等算法训练故障诊断模型,基于已知故障的样本数据。

（4）模型测试与优化：使用独立的测试数据集对模型进行测试，根据测试结果调整模型参数，优化模型的准确性和泛化能力。

（5）故障预测与定位：实时监测电路板的工作数据，利用训练好的模型进行故障预测和定位，并为维修人员提供详细的故障信息和位置。

（三）应用效果分析

通过应用人工智能技术，该公司实现了以下成果。

提高诊断准确率：相较于传统的逐一排查方法，AI 诊断的准确率提高了 90%。

缩短故障检测时间：从原来的数天或数小时缩短至几分钟，大大提高了工作效率。

降低维修成本：减少了人工检测和排查的时间和人力成本。

提升客户满意度：快速准确的故障诊断和修复提高了产品质量和客户满意度。

（四）讨论与展望

尽管人工智能在电子电路故障诊断中取得了显著的效果，但仍存在一些挑战和限制。

（1）数据质量与标注：高质量的数据是训练准确模型的关键。在电路板故障诊断中，如何确保数据的准确性和完整性是一个挑战。此外，对于监督学习算法，数据标注也是一个费时费力的过程。

（2）模型泛化能力：尽管训练的模型在测试数据上表现良好，但在遇到新的、未知的故障模式时，模型的泛化能力可能会受到影响。因此，持续的数据更新和模型优化是必要的。

（3）算法选择与参数调整：选择合适的算法和调整参数对于模型的性能至关重要。这需要深入的领域知识和持续的实验验证。

（4）集成传统方法：虽然 AI 在许多方面都显示出优势，但传统方法仍具有一定的价值。如何将传统方法与 AI 相结合，以实现更全面的故障诊断是一个值得研究的方向。

（5）安全性与可靠性：在电子电路故障诊断中，安全性和可靠性是首要考虑的因素。使用 AI 技术需要确保诊断过程的安全性，并避免因误诊导致设备损坏或人身伤害。

综上所述，人工智能技术在电子电路故障诊断中具有巨大的潜力和价值。随着技术的不断进步和优化，相信未来会有更多的应用场景和案例出现。同时，对于企业而言，持续的研发和创新是确保在这一领域保持竞争力的关键。

参考文献

[1]傅巍,黄洋,张辉.基于改进随机森林的电子电路故障诊断方法[J].信息与电脑(理论版),2023,35(20):88-90.

[2]米鑫,戴国强,王黎,等.基于高阶累积量故障特征提取的化工设备电子电路故障诊断[J].粘接,2022,49(08):146-150.

[3]贾欣雨.基于机器学习的模拟电路故障诊断方法研究[D].北京:中国民航大学,2022.

[4]张震宇.模拟电子电路实验故障诊断方法研究[D].南京:东南大学,2022.

[5]张书婷.电力电子电路故障诊断及预测方法研究[D].淮南:安徽理工大学,2021.

[6]朱琴跃,李大荃,徐璟然,等.面向电力电子电路故障诊断的拓展型教学案例探究[J].实验室研究与探索,2021,40(04):97-102.

[7]马萌,黄雨,韩亮.电子电路故障诊断与预测技术分析[J].电子测试,2021,(07):125-126.

[8]顾菊军.基于电路原理图的汽车灯光系统故障诊断与分析[J].汽车实用技术,2020,45(22):150-152.

[9]朱健.电子电路故障诊断与预测技术分析[J].集成电路应用,2020,37(11):104-105.

[10]马敏,刘成中,曾钰琴.电路故障诊断实验教学的探索与创新[J].实验科学与技术,2020,18(05):58-63.

[11]豆震泽.基于小波分析的模拟电路故障诊断探讨[J].中国新通信,2020,22(14):157-158.

[12]王静.简述电力电子电路智能故障诊断技术[J].科技创新导报,2020,17(17):45+47.

[13]杨健.电子电路中的故障处理方法研究[J].电子世界,2020,(03):156-157.

[14]胡国喜.电力电子电路智能故障诊断技术探讨[J].通信电源技术,2020,37(01):270-272.

[15]武文静.电子电路故障诊断与预测技术分析[J].计算机产品与流通,2019,(12):80.

[16]方镇宏.电力电子电路智能故障诊断技术探讨[J].通信电源技术,2019,36(11):224-225+228.

[17]谢兰清,王彩霞.电子电路故障诊断与预测技术[J].河北农机,2019,(11):51.

[18]王海东.基于电力电子电路智能故障诊断技术研究[J].数码世界,2019,(11):277.

[19]范舒颜.电子电路发生故障的检测方法与技巧探析[J].中国新通信,2019,21(13):215.